EDA 设计与应用基础

陈苏婷　编著

气象出版社
China Meteorological Press

内容简介

本书主要介绍电子设计自动化的技术和应用,可分为三大部分。第一部分(第1章至第3章)讲解 VHDL(超高速集成电路硬件描述语言)的概念、语法、基本电路编程。第1章介绍 EDA(电子设计自动化)技术的发展历史以及常用的 EDA 工具,第2章介绍可编程逻辑器件的发展历史,第3章介绍 VHDL 硬件描述语言。第二部分(第4章至第5章)介绍 FPGA 芯片的基本参数以及编程工具的使用方法。其中,第4章以 Virtex-6 系列 FPGA(现场可编程门阵列产品)为例,介绍体系结构、参数性能以及相关的电路设计知识;第5章介绍 Xilinx ISE 的使用方法。第三部分(第6章至第7章)主要以实际应用为例,讲解编程设计技巧。第6章介绍数字系统的实用设计技巧;第7章介绍数字系统的设计流程,并通过列举应用实例来进一步阐述。

本书可作为高等院校本科生及研究生学习 EDA 技术的参考书,还可作为职业技术培训及从事电子产品设计开发的工程技术人员参考书。亦可作为高等职业技术院校电子类、通信类、电气类、自动化类和计算机类专业学生的教材,电子产品制作、科技创新实践及课程毕业设计的指导用书。

图书在版编目(CIP)数据

EDA 设计与应用基础/陈苏婷编著. —北京:气象出版社,
2014. 12
   ISBN 978-7-5029-5812-1

  Ⅰ. ①E⋯ Ⅱ. ①陈⋯ Ⅲ. ①电子电路-电路设计-计算机辅助设计 Ⅳ. ①TN702

  中国版本图书馆 CIP 数据核字(2014)第 290266 号

出版发行:气象出版社

地　　址:北京市海淀区中关村南大街 46 号   **邮政编码:**100081
总 编 室:010-68407112   **发 行 部:**010-68409198
网　　址:http://www.qxcbs.com   **E-mail:**qxcbs@cma.gov.cn
责任编辑:黄红丽   **终　　审:**朱文琴
封面设计:易普锐创意   **责任技编:**吴庭芳
印　　刷:三河市鑫利来印装有限公司
开　　本:720 mm×960 mm 1/16   **印　　张:**15.25
字　　数:304 千字
版　　次:2015 年 1 月第 1 版   **印　　次:**2015 年 1 月第 1 次印刷
定　　价:42.00 元

本书如存在文字不清、漏印以及缺页、倒页、脱页等,请与本社发行部联系调换

前　言

　　20 世纪 90 年代,国际上电子和计算机技术较为先进的国家,一直在积极探索新的电子电路设计方法,并在设计方法、工具等方面进行了彻底的变革,取得了巨大成功。在电子技术设计领域,可编程逻辑器件(如 CPLD、FPGA)的应用,已得到广泛的普及,这些器件为数字系统的设计带来了极大的灵活性。这些器件可以通过软件编程而对其硬件结构和工作方式进行重构,从而使得硬件的设计可以如同软件设计那样方便快捷。这一切极大地改变了传统的数字系统设计方法、设计过程和设计观念,促进了电子设计自动化(Electronic Design Automation,EDA 技术)的迅速发展。

　　EDA 技术就是以计算机为工具,在 EDA 软件平台上,用硬件描述语言 VHDL(超高速集成电路硬件描述语言)完成设计文件,然后由计算机自动完成逻辑编译、化简、分割、综合、优化、布局、布线和仿真,直至完成对于特定目标芯片的适配编译、逻辑映射和编程下载等工作。EDA 技术的出现,极大地提高了电路设计的效率和可操作性,减轻了设计者的劳动强度。

　　中国 EDA 市场已渐趋成熟,不过大部分设计工程师面向的是印刷电路板(PCB)制板和小型专用集成电路(ASIC)领域,仅有小部分(约 11%)的设计人员开发复杂的片上系统器件。为了与台湾和美国的设计工程师形成更有力的竞争,中国的设计队伍有必要引进和学习一些最新的 EDA 技术。在信息通信领域,要优先发展高速宽带信息网、深亚微米集成电路、新型元器件、计算机及软件技术、第三代移动通信技术、信息管理、信息安全技术,积极开拓以数字技术、网络技术为基础的新一代信息产品,发展新兴产业,培育新的经济增长点。要大力推进制造业信息化,积极开展计算机辅助设计(CAD)、计算机辅助工程(CAE)、计算机辅助工艺(CAPP)、计算机辅助制造(CAM)、产品数据管理(PDM)、制造资源计划(MRPII)及企业资源管理(ERP)等。有条件的企业可开展"网络制造",便于合作设计、合作制造,参与国内和国际竞争。开展"数控化"工程和"数字化"工程。自动化仪表的技术发展趋势的测试技术、控制技术与计算机技术、通信技术进一步融合,形成测量、控制、通信与计算机(measurement, control, communication, computer, M3C)的结构。在 ASIC 和可编程逻辑器件(PLD)设计方面,向超高速、高密度、低功耗、低电压方面发展。

　　VHDL 作为 IEEE 标准的硬件描述语言和 EDA 的重要组成部分,经过十几年的发展、应用和完善,以其强大的系统描述能力、规范的程序设计结构、灵活的语句表达风格和多层次的仿真测试手段,受到业界的普遍认同和广泛接受,从数十种国际流行的硬件描述语言中脱颖而出,成为现代 EDA 领域的首选硬件设计计算机语言,而且目前流行的 EDA 工具软件全部支持 VHDL。除了作为电子系统设计的主选硬件描述语言外,VHDL 在 EDA 领域的仿真测试、学术交流、电子设计的存档、程序模块的移植、ASIC 设计源程序的交付、IP 核(Intelligence Property Core)的应用等方面担任着不可或缺的角色,因此不可避免地将成为我国高等教育中电子信息类专业知识结构的重要组成部分。

在新世纪中,电子技术的发展将更加迅猛,电子设计的自动化程度将更高,电子产品的上市节奏将更快,传统的电子设计技术、工具和器件将在更大的程度上被EDA 所取代,EDA 技术和 VHDL 势必成为广大电子信息工程类各专业领域工程技术人员的必修课。

实用性是本教程的特点,主要表现在:①适当略去有关行为仿真语句的内容,主要考虑到这些内容不能参与综合和在硬件电路中实现。而在实用中,VHDL 的仿真大都采取功能仿真、时序仿真和硬件仿真;②以可综合的 VHDL 程序设计介绍为基点,将软件程序与对应的硬件电路结构紧密联系在一起,力图提高读者实现既定硬件电路的 VHDL 软件设计驾驭能力,在教程中尽可能给出对应程序的综合后的电路原理图;③全书从不同的角度介绍了 VHDL 的最直接的实用技术,并且介绍了 Verilog语言的部分知识,与 VHDL 做了鲜明对比,帮助读者更好地理解和使用 VHDL 语言。本书教程的另一特点是可操作性:教程中的程序几乎全部经 VHDL 综合器通过,且大部分经硬件测试,并可直接在实验或电子设计中使用;在第 5 章中安排了目前最流行的基于 PC 的 VHDL 设计 EDA 软件的使用介绍,而且采用的是"向导"式介绍方法,即以一 VHDL 设计实例开始,通过各个处理项目,从编辑、编译、仿真、布局布线和适配,直至配置/下载和硬件测试,向读者完整地展示了该软件的各项主要功能使用的全过程,比较适合于 EDA 工具使用者的速成式自学。

我们期望本教程能有助于读者在 EDA 的教学与实验方面、在学生的电子设计和电子工程实践能力方面的提高,在高新技术领域的产品开发与推广、相关学科领域的技术拓展方面能收到良好的效果。

本书在编写过程中得到了赵启正、王若珏、卢兴森等同志的协助,在出版过程中得到气象出版社的热情支持,在此表示衷心感谢。由于作者水平有限,书中难免会有错误和不妥之处,恳请广大读者批评指正。

陈苏婷

2014 年 9 月

目　录

第 1 章　EDA 技术概述

1.1　EDA 技术简介

EDA 是电子设计自动化(Electronic Design Automation)的缩写,是在 20 世纪 60 年代中期从计算机辅助设计(CAD)、计算机辅助制造(CAM)、计算机辅助测试(CAT)和计算机辅助工程(CAE)的概念发展而来的。20 世纪 90 年代,国际上电子和计算机技术较先进的国家,一直在积极探索新的电子电路设计方法,并在设计方法、工具等方面进行了彻底的变革,取得了巨大成功。在电子技术设计领域,可编程逻辑器件(如 CPLD、FPGA)的应用,已得到广泛的普及,这些器件为数字系统的设计带来了极大的灵活性。这些器件可以通过软件编程对其硬件结构和工作方式进行重构,从而使得硬件的设计可以如同软件设计那样方便快捷。这一切极大地改变了传统的数字系统设计方法、设计过程和设计观念,促进了 EDA 技术的迅速发展。

EDA 技术就是以计算机为工具,在 EDA 软件平台上,用硬件描述语言 VHDL 完成设计文件,然后由计算机自动完成逻辑编译、化简、分割、综合、优化、布局、布线和仿真,直至完成对于特定目标芯片的适配编译、逻辑映射和编程下载等工作。

EDA 技术的出现,极大地提高了电路设计的效率和可操作性,减轻了设计者的劳动强度。利用 EDA 工具,电子设计师可以从概念、算法、协议等开始设计电子系统,大量工作可以通过计算机完成,并可以将电子产品从电路设计、性能分析到设计出集成电路(IC)版图或印刷电路板(PCB)版图的整个过程在计算机上自动处理完成。现在对 EDA 的概念或范畴用得很宽,包括在机械、电子、通信、航空航天、化工、矿产、生物、医学、军事等各个领域,都有 EDA 的应用。目前 EDA 技术已在各大公司、企事业单位和科研教学部门广泛使用。例如在飞机制造过程中,从设计、性能测试及特性分析直到飞行模拟,都可能涉及 EDA 技术。

1.2　EDA 技术的发展趋势

1.2.1　EDA 技术的发展历史

在 EDA 出现之前,设计人员必须手工完成集成电路的设计、布线等工作,这是因为当时所谓集成电路的复杂程度远不及现在。工业界开始使用几何学方法来制造用于电路光绘(photoplotter)的胶带。到了 20 世纪 70 年代中期,开发人应尝试将整个设计过程自动化,而不仅仅满足于自动完成掩膜草图。第一个电路布线、布局工具研发成功。设计自动化会议(Design Automation Conference)在这一时期被创立,旨在促进电子设计自动化的发展。

电子设计自动化发展的下一个重要阶段以卡弗尔·米德(Carver Mead)和琳·康维(Lynn Conway)于 1980 年发表的论文《超大规模集成电路系统导论》(Introduction to VLSI Systems)为标志。这一篇具有重大意义的论文提出通过编程语言来进行芯片设计的新思想。如果这一想法得到实现,芯片设计的复杂程度可以得到显著提升。这主要得益于用来进行集成电路逻辑仿真、功能验证的工具的性能得到相当的改善。随着计算机仿真技术的发展,设计项目可以在构建实际硬件电路之前进行仿真,芯片布线布局对人工设计的要求降低,而且软件错误率不断降低。直至今日,尽管所用的语言和工具仍然不断在发展,但是通过编程语言来设计、验证电路预期行为,利用工具软件综合得到低抽象级物理设计的这种途径,仍然是数字集成电路设计的基础。

从 1981 年开始,电子设计自动化逐渐开始商业化。1984 年的设计自动化会议上还举办了第一个以电子设计自动化为主题的销售展览。Gateway 设计自动化在 1986 年推出了一种硬件描述语言 Verilog,这种语言现在是最流行的高级抽象设计语言。1987 年,在美国国防部的资助下,另一种硬件描述语言 VHDL 被创造出来。现代的电子设计自动化设计工具可以识别、读取不同类型的硬件描述。根据这些语言规范产生的各种仿真系统迅速被推出,使得设计人员可对设计的芯片进行直接仿真。后来,技术的发展更侧重于逻辑综合。

目前的数字集成电路的设计都比较模块化(参见集成电路设计、设计收敛(design closure)和设计流(design flow(EDA))。半导体器件制造工艺需要标准化的设计描述,高抽象级的描述将被编译为信息单元(cell)的形式。设计人员在进行逻辑设计时无须考虑信息单元的具体硬件工艺。利用特定的集成电路制造工艺来实现硬件电路,信息单元就会实现预定义的逻辑或其他电子功能。半导体硬件厂商大多会为它们制造的元件提供"元件库",并提供相应的标准化仿真模型。相比数字的电子设计自动化工具,模拟系统的电子设计自动化工具大多并非模块化的,这是因为模拟电路的功能更加复杂,而且不同部分的相互影响较强,作用规律复杂,电子元件大多没有那么理想。Verilog AMS 就是一种用于模拟电子设计的硬件描述语言。此外,设计人员可以使用硬件验证语言来完成项目的验证工作,目前最新的发展趋势是将集描述语言、验证语言集成为一体,典型的例子有 SystemVerilog[1]。

随着集成电路规模的扩大、半导体技术的发展,电子设计自动化的重要性急剧增加。这些工具的使用者包括半导体器件制造中心的硬件技术人员,他们的工作是操作半导体器件制造设备并管理整个工作车间。一些以设计为主要业务的公司,也会使用电子设计自动化软件来评估制造部门是否能够适应新的设计任务。电子设计自动化工具还用来将设计的功能导入到类似现场可编程逻辑门阵列的半定制可编程逻辑器件,或者生产全定制的专用集成电路。

1.2.2 EDA 技术的应用

EDA 在教学、科研、产品设计与制造等各方面都发挥着巨大的作用。在教学方面,几乎所有理工科(特别是电子信息)类的高校都开设了 EDA 课程。主要是让学生了解 EDA 的基本概念和基本原理、掌握用 HDL 语言编写规范、掌握逻辑综合的理论和算法、使用 EDA 工具进行电子电路课程的实验验证并从事简单系统的设计。一般学习电路仿真工具(如 multiSIM、PSPICE)和 PLD 开发工具(如 Altera/Xilinx 的器件结构及开发系统),为今后工作打下基础。

科研方面主要利用电路仿真工具(multiSIM 或 PSPICE)进行电路设计与仿真;利用虚拟仪器进行产品测试;将 CPLD/FPGA 器件实际应用到仪器设备中;从事 PCB 设计和 ASIC 设计等。

在产品设计与制造方面,包括计算机仿真,产品开发中的 EDA 工具应用、系统级模拟及测试环境的仿真,生产流水线的 EDA 技术应用、产品测试等各个环节。如 PCB 的制作、电子设备的研制与生产、电路板的焊接、ASIC 的制作过程等。

从应用领域来看,EDA 技术已经渗透到各行各业,包括在机械、电子、通信、航空航航天、化工、矿产、生物、医学、军事等各个领域,都有 EDA 应用。另外,EDA 软件的功能日益强大,原来功能比较单一的软件,现在增加了很多新用途。如 AutoCAD 软件可用于机械及建筑设计,也扩展到建筑装潢及各类效果图、汽车和飞机的模型、电影特技等领域。

1.2.3 EDA 技术的发展趋势

从目前的 EDA 技术来看,其发展趋势是政府重视、使用普及、应用广泛、工具多样、软件功能强大。

中国 EDA 市场已渐趋成熟,不过大部分设计工程师面向的是 PCB 制板和小型 ASIC 领域,仅有小部分(约11%)的设计人员开发复杂的片上系统器件。为了与台湾和美国的设计工程师形成更有力的竞争,中国的设计队伍有必要引进和学习一些最新的 EDA 技术。

在信息通信领域,要优先发展高速宽带信息网、深亚微米集成电路、新型元器件、计算机及软件技术、第三代移动通信技术、信息管理、信息安全技术,积极开拓以数字技术、网络技术为基础的新一代信息产品,发展新兴产业,培育新的经济增长点。要大力推进制造业信息化,积极开展计算机辅助设计(CAD)、计算机辅助工程(CAE)、计算机辅助工艺(CAPP)、计算机辅助制造(CAM)、产品数据管理(PDM)、制造资源计划(MRPII)及企业资源管理(ERP)等。有条件的企业可开展"网络制造",便于合作设计、合作制造,参与国内和国际竞争。开展"数控化"工程和"数字化"工程。自动化仪表的技术发展趋势的测试技术、控制技术与计算机技术、通信技术进一步融合,形成测量、控制、通信与计算机(M3C)结构。在 ASIC 和 PLD 设计方面,向超高速、高密度、低功耗、低电压方面发展。

外设技术与 EDA 工程相结合的市场前景也被看好,如组合超大屏幕的相关链接,多屏幕技术也有所发展。

中国自 1995 年以来加速开发半导体产业,先后建立了几所设计中心,推动系列设计活动以应对亚太地区其他 EDA 市场的竞争。

在 EDA 软件开发方面,目前主要集中在美国。但各国也正在努力开发相应的工具。日本、韩国都有 ASIC 设计工具,但不对外开放。中国华大集成电路设计中心,也提供 IC 设计软件,但性能不是很强。相信在不久的将来会有更多更好的设计工具在各地开花并结果。据最新统计显示,中国和印度正在成为电子设计自动化领域发展最快的两个市场,年复合增长率分别达到了 50% 和 30%。

1.3 　常用 EDA 软件工具介绍

PLD(programmable logic device,可编程逻辑器件)是一种由用户根据需要而自行构造逻辑功能的数字集成电路。目前主要有两大类型:CPLD(complex PLD,复杂可编程逻辑器件)和 FPGA(field programmable gate array,现场可编程门阵列)。它们的基本设计方法是借助于 EDA 软件,用原理图、状态机、布尔表达式、硬件描述语言等方法,生成相应的目标文件,最后用编程器或下载电缆,由目标器件实现。生产 PLD 的厂家很多,但最有代表性的 PLD 厂家为 Altera、Xilinx 和 Lattice 公司。

PLD 的开发工具一般由器件生产厂家提供,但随着器件规模的不断增加,软件的复杂性也随之提高,目前由专门的软件公司与器件生产厂家使用,推出功能强大的设计软件。下面介绍主要器件生产厂家和开发工具。

①ALTERA：20 世纪 90 年代以后发展很快。主要产品有：MAX3000/7000、FELX6K/10K、APEX20K、ACEX1K、Stratix 等。其开发工具－MAX＋PLUS Ⅱ 是较成功的 PLD 开发平台，最新又推出了 Quartus Ⅱ 开发软件。Altera 公司提供较多形式的设计输入手段，绑定第三方 VHDL 综合工具，如：综合软件 FPGA Express、Leonard Spectrum，仿真软件 ModelSim。

②XILINX：FPGA 的发明者。产品种类较全，主要有：XC9500/4000、Coolrunner（XPLA3）、Spartan、Vertex 等系列，其最大的 Vertex-Ⅱ Pro 器件已达到 800 万门。开发软件为 Foundation 和 ISE。通常来说，在欧洲用 Xilinx 的人多，在日本和亚太地区用 ALTERA 的人多，在美国则是平分秋色。全球 PLD/FPGA 产品 60% 以上是由 Altera 和 Xilinx 提供的。可以讲 Altera 和 Xilinx 共同决定了 PLD 技术的发展方向。

③Lattice-Vantis：Lattice 是 ISP（In-System Programmability，在线系统编程）技术的发明者。ISP 技术极大地促进了 PLD 产品的发展，与 ALTERA 和 XILINX 相比，其开发工具比 Altera 和 Xilinx 略逊一筹。中小规模 PLD 比较有特色，大规模 PLD 的竞争力还不够强（Lattice 没有基于查找表技术的大规模 FPGA），1999 年推出可编程模拟器件，1999 年收购 Vantis（原 AMD 子公司），成为第三大可编程逻辑器件供应商。2001 年 12 月收购 Agere 公司（原 Lucent 微电子部）的 FPGA 部门。主要产品有 ispLSI2000/5000/8000、MACH4/5。

④ACTEL：反熔丝（一次性烧写）PLD 的领导者。由于反熔丝 PLD 抗辐射、耐高低温、功耗低、速度快，所以在军品和宇航级上有较大优势。ALTERA 和 XILINX 则一般不涉足军品和宇航级市场。

⑤Quicklogic：专业 PLD/FPGA 公司，以一次性反熔丝工艺为主，在中国地区销售量不大。

本书主要涉及的编程软件为 XILINX 公司的设计软件 ISE，版本为 14.4。该软件的详细使用方法见第 4 章。

1.4　本章小结

本章主要介绍了电子设计自动化（EDA）的起源、发展历史及其发展前景，以及 EDA 的各行各业中的重要作用。另外还介绍了常用的 EDA 编程软件。

第 2 章　可编程逻辑器件

2.1　可编程逻辑器件的发展

2.1.1　可编程逻辑器件简介

可编程逻辑器件,英文全称为 programmable logic device,即 PLD。PLD 是作为一种通用集成电路产生的,它的逻辑功能按照用户对器件编程来确定。一般的 PLD 的集成度很高,足以满足设计一般的数字系统的需要。PLD 与一般数字芯片不同的是:PLD 内部的数字电路可以在出厂后再规划决定,有些类型的 PLD 也允许在规划决定后再次进行变更、改变。而一般数字芯片在出厂前就已经决定其内部电路,无法在出厂后再次改变,事实上一般的模拟芯片、混讯芯片也都一样,都是在出厂后就无法再对其内部电路进行调修。

2.1.2　可编程逻辑器件发展

早期的可编程逻辑器件只有可编程只读存储器(PROM)、紫外线可擦除只读存储器(EPROM)和电可擦除只读存储器(EEPROM)三种。由于结构的限制,它们只能完成简单的数字逻辑功能。其后,出现了一类结构上稍复杂的可编程芯片,即可编程逻辑器件(PLD),它能够完成各种数字逻辑功能。典型的 PLD 由一个“与”门和一个“或”门阵列组成,而任意一个组合逻辑都可以用“与—或”表达式来描述,所以,PLD 能以乘积和的形式完成大量的组合逻辑功能。

这一阶段的产品主要有可编程阵列逻辑(programmable array logic,PAL)和通用阵列逻辑(generic array logic,GAL)。PAL 由一个可编程的“与”平面和一个固定的“或”平面构成,“或”门的输出可以通过触发器有选择地被置为寄存状态。PAL 器件是现场可编程的,它的实现工艺有反熔丝技术、EPROM 技术和 EEPROM 技术。还有一类结构更为灵活的逻辑器件是可编程逻辑阵列(PLA),它也由一个“与”平面和一个“或”平面构成,但是这两个平面的连接关系是可编程的。PLA 器件既有现场可编程的,也有掩膜可编程的。在 PAL 的基础上,又发展了一种通用阵列逻辑 GAL,如GAL16V8、GAL22V10 等。它采用了 EEPROM 工艺,实现了电可擦除、电可改写,其输出结构是可编程的逻辑宏单元,因而它的设计具有很强的灵活性,至今仍有许多人使用。这些早期的 PLD 器件的一个共同特点是可以实现速度特性较好的逻辑功能,但其过于简单的结构也使它们只能实现规模较小的电路。

为了弥补这一缺陷,20 世纪 80 年代中期。Altera 和 Xilinx 公司分别推出了类似于 PAL 结构的扩展型 CPLD(complex programmab1e logic dvice)和与标准门阵列类似的 FPGA(field programmable gate array),它们都具有体系结构和逻辑单元灵活、集成度高以及适用范围宽等特点。这两种器件兼容了 PLD 和通用门阵列的优点,可实现较大规模的电路,编程也很灵活。与门阵列等其他 ASIC(application specific IC)相比,它们又具有设计开发周期短、设计制造成本低、开发工具先进、标准产品无须测试、质量稳定以及可实时在线检验等优点,因此被广泛应用于产品的原型设计和产品生产(一般在 10000 件以下)之中。几乎所有应用门阵列、PLD 和中小规模通用数字集成电路的场合均可应用 FPGA 和 CPLD 器件。

2.2　简单可编程逻辑器件

2.2.1　可编程逻辑阵列 PLA

20 世纪 70 年代,熔丝编程的 PROM(programmable read only memory,可编程的读存储器)和 PLA(programmable logic array)的出现,标志着 PLD 的诞生。可编程逻辑器件最早是根据数字电子系统组成基本单元门电路可编程来实现的,任何组合电路都可用与门和或门组成,时序电路可用组合电路加上存储单元来实现。早期 PLD 就是用可编程的与阵列和(或)可编程的或阵列组成的(图 2.1)。

PROM 是采用固定的与阵列和可编程的或阵列组成的 PLD,由于输入变量的增加会引起存储容量的急剧上升,只能用于简单组合电路的编程。PLA 是由可编程的与阵列和可编程的或阵列组成的,它克服了 PROM 随着输入变量的增加而规模迅速增加的问题,利用率高,但由于与阵列和或阵列都可编程,软件算法复杂,编程后器件运行速度慢,只能在小规模逻辑电路上应用。现在这两种器件在 EDA 上已不再采用,但 PROM 作为存储器,PLA 作为全定制ASIC 设计技术,还在应用。

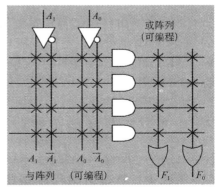

图 2.1　PLA 逻辑阵列示意图

2.2.2　可编程阵列逻辑 PAL

20 世纪 70 年代末, AMD 公司对 PLA 进行了改进, 推出了 PAL 器件, PAL 与 PLA 相似, 也由与阵列和或阵列组成, 但在编程接点上与 PAL 不同, 而与 PROM 相似, 或阵列是固定的, 只有与阵列可编程。或阵列固定与阵列可编程结构, 简化了编程算法, 运行速度也提高了, 适用于中小规模可编程电路。但 PAL 为适应不同应用的需要, 输出 I/O 结构也要跟着变化, 输出 I/O 结构很多, 而一种输出 I/O 结构方式就有一种 PAL 器件, 给生产、使用带来不便。且 PAL 器件一般采用熔丝工艺生产, 一次可编程, 修改电路需要更换整个 PAL 器件, 成本太高。现在, PAL 已被 GAL 所取代。

以上可编程器件, 都是乘积项可编程结构, 都只解决了组合逻辑电路的可编程问题, 对于时序电路, 需要另外加上锁存器、触发器来构成, 如 PAL 加上输出寄存器, 就可实现时序电路可编程。

2.2.3　通用阵列逻辑 GAL

20 世纪 80 年代初, Lattice（莱迪思）公司开始研究一种新的乘积项可编程结构 PLD。1985 年, 推出了一种在 PAL 基础上改进的 GAL 器件。GAL 器件首次在 PLD 上采用 EEPROM 工艺, 能够电擦除重复编程, 使得修改电路不需更换硬件, 可以灵活方便地应用, 乃至更新换代。

在编程结构上, GAL 沿用了 PAL 或阵列固定与阵列可编程结构, 而对 PAL 的输出 I/O 结构进行了改进, 增加了输出逻辑宏单元 OLMC（output logic macro cell）, OLMC 设有多种组态, 使得每个 I/O 引脚可配置成专用组合输出, 组合输出双向口, 寄存器输出, 寄存器输出双向口和专用输入等多种功能, 为电路设计提供了极大的灵活性。同时, 也解决了 PAL 器件一种输出 I/O 结构方式就有一种器件的问题, 使其具有通用性。而且 GAL 器件是在 PAL 器件基础上设计的, 与许多 PAL 器件是兼容的, 一种 GAL 器件可以替换多种 PAL 器件, 因此, GAL 器件得到了广泛的应用。目前, GAL 器件主要应用在中小规模可编程电路, 而且, GAL 器件也加上了 ISP 功能, 称 ISPGAL 器件。

2.3　复杂可编程逻辑器件

2.3.1　复杂可编程逻辑器件简介

复杂可编程逻辑器件（complex programmable logic device, CPLD）, 是从 PAL 和 GAL 器件发展出来的器件, 相对而言规模大、结构复杂, 属于大规模集成电路范围,是一种用户根据各自需要而自行构造逻辑功能的数字集成电路。其基本设计方法是借助集成开发软件平台,用原理图、硬件描述语言等方法,生成相应的目标文件,通过下载电缆("在线系统"编程)将代码传送到目标芯片中,实现设计的数字系统。

　　CPLD 主要由三部分组成:Macro cell(宏单元)、PIA(可编程连线)和 I/O Control Block(I/O 控制块)。每个宏单元都与 GCLK(全局时钟)、OE(输出使能)、GCLR(清零)等控制信号直接相连,并且延时相同。各宏单元之间也由固定长度的金属线互连,这样保证逻辑电路的延时固定。其中宏单元模块是 CPLD 的逻辑功能实现单元,是器件的基本单元,现在设计的逻辑电路就是由宏单元具体实现的。如图 2.2 所示。

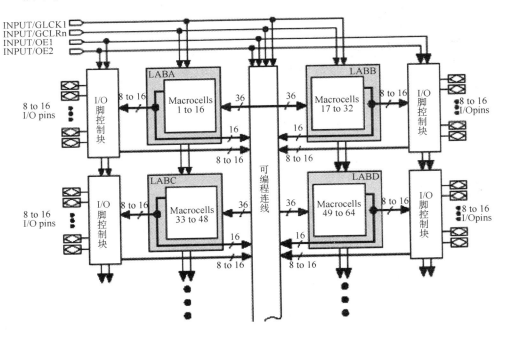

图 2.2　MAX7000CPLD 基本结构图

　　宏单元是 CPLD 的基本结构,由它来实现基本的逻辑功能。一个宏单元主要包括 LAB Local Array(逻辑阵列),Product-Term Select Matrix(乘积项选择矩阵)和一个可编程 D 触发器。其中逻辑阵列的每一个交叉点都可以通过编程实现导通从而实现与逻辑,乘积项选择矩阵可实现或逻辑。这两部分协同工作,就可以实现一个完整的组合逻辑。输出可以选择通过 D 触发器,也可以对触发器进行旁路。通过这个结构可以发现,CPLD 非常适合实现组合逻辑,再配合后面的触发器也能够实现一定的时序逻辑。如图 2.3 所示。

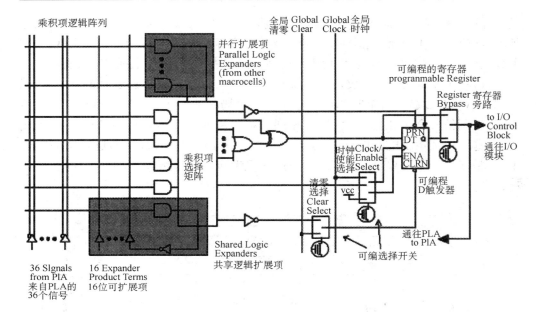

图 2.3　MAX7000CPLD 宏单元结构

左侧是乘积项阵列,实际就是一个与或阵列,每一个交叉点都是一个可编程熔丝,如果导通就是实现"与"逻辑。后面的乘积项选择矩阵是一个"或"阵列。两者一起完成组合逻辑。图右侧是一个可编程 D 触发器,它的时钟,清零输入都可以编程选择,可以使用专用的全局清零和全局时钟,也可以使用内部逻辑(乘积项阵列)产生的时钟和清零。如果不需要触发器,也可以将此触发器旁路,信号直接输给可编程连线阵列 PIA 或输出到 I/O 脚。

2.3.2　简单逻辑实现原理

下面我们以一个简单的电路为例,具体说明 PLD 是如何利用以上结构实现逻辑的,电路如图 2.4 所示。

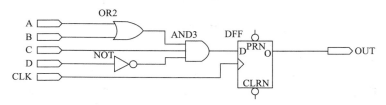

图 2.4　电路

假设组合逻辑的输出（AND3 的输出）为 f，则

$$f = (A + B) \times C \times \bar{A} = A \times C \times \bar{A} + B \times C \times \bar{A} \tag{2.1}$$

PLD 将以下面的方式来实现组合逻辑 f。

A，B，C，D 由 PLD 芯片的管脚输入后进入可编程连线阵列（PIA），在内部会产生 A 与 $\bar{A}$，B 与 $\bar{B}$，C 与 $\bar{C}$，D 与 $\bar{D}$ 8 个输出。图 2.5 中每一个叉表示相连（可编程熔丝导通），所以得到：

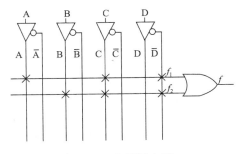

$$f = f_1 + f_2 = (A \times C \times \bar{A}) + (B \times C \times \bar{A}) \tag{2.2}$$

图 2.5 PLD 逻辑电路

这样组合逻辑就实现了。图 2.4 电路中 D 触发器的实现比较简单，直接利用宏单元中的可编程 D 触发器来实现。时钟信号 CLK 由 I/O 脚输入后进入芯片内部的全局时钟专用通道，直接连接到可编程触发器的时钟端。可编程触发器的输出与 I/O 脚相连，把结果输出到芯片管脚。这样 PLD 就完成了图 2.5 所示电路的功能（以上这些步骤都是由软件自动完成的，不需要人为干预）。

图 2.4 的电路是一个很简单的例子，只需要一个宏单元就可以完成。但对于一个复杂的电路，一个宏单元是无法实现的，这时就需要通过并联扩展项和共享扩展项将多个宏单元相连，宏单元的输出也可以连接到可编程连线阵列，再作为另一个宏单元的输入。这样 PLD 就可以实现更复杂逻辑。

2.3.3 器件特点

复杂可编程逻辑器件具有编程灵活、集成度高、设计开发周期短、适用范围宽、开发工具先进、设计制造成本低、对设计者的硬件经验要求低、标准产品无需测试、保密性强、价格大众化等特点，可实现较大规模的电路设计，因此被广泛应用于产品的原型设计和产品生产（一般在 10000 件以下）之中。几乎所有应用中小规模通用数字集成电路的场合均可应用 CPLD 器件。CPLD 器件已成为电子产品不可缺少的组成部分，它的设计和应用成为电子工程师必备的一种技能。

2.3.4 发展趋势

PLD 在近 20 年的时间里已经得到了巨大的发展，在未来的发展中，将呈现以下几个方面的趋势。

（1）向大规模、高集成度方向进一步发展

当前，PLD 的规模已经达到了百万门级，在工艺上，芯片的最小线宽达到了

0. 13 μm,并且还会向着大规模、高集成度方向进一步发展。

（2）向低电压、低功耗的方向发展

PLD 的内核电压在不断降低,经历 5 V→3. 3 V→2. 5 V→1. 8 V 的演变,未来将会更低。工作电压的降低使得芯片的功耗也大大降低,这样就适应了一些低功耗场合的应用,比如移动通信设备、个人数字助理等。

（3）向高速可预测延时方向发展

由于在一些高速处理的系统中,数据处理量的激增要求数字系统有大的数据吞吐速率,比如对图像信号的处理,这样就对 PLD 的速度指标提出了更高的要求;另外,为了保证高速系统的稳定性,延时也是十分重要的。用户在进行系统重构的同时,担心的是延时特性会不会因重新布线的改变而改变,如果改变,将会导致系统性能的不稳定性,这对庞大而高速的系统而言将是不可想象的,带来的损失也是巨大的。因此,为了适应未来复杂高速电子系统的要求,PLD 的高速可预测延时也是一个发展趋势。

（4）向数模混合可编程方向发展

迄今为止,PLD 的开发与应用的大部分工作都集中在数字逻辑电路上,在未来几年里,这一局面将会有所改变,模拟电路和数模混合电路的可编程技术得到发展。目前的技术 ISPPAC 可实现 3 种功能:信号调整、信号处理和信号转换。信号调整主要是对信号进行放大、衰减和滤波;信号处理是对信号进行求和、求差和积分运算;信号转换则是指把数字信号转换成模拟信号。EPAC 芯片集中了各种模拟功能电路,如可编程增益放大器、可编程比较器、多路复用器、可编程 A/D 转换器、滤波器和跟踪保持放大器等。

2. 4　现场可编程门阵列

2. 4. 1　FPGA 简介与工作原理

现场可编程门阵列(field programmable gate array,FPGA),是在 PAL、GAL、CPLD 等可编程器件的基础上进一步发展的产物。它是作为专用集成电路(ASIC)领域中的一种半定制电路出现的,既解决了定制电路的不足,又克服了原有可编程器件门电路数有限的缺点。

由于 FPGA 需要被反复烧写,它实现组合逻辑的基本结构不可能像 ASIC 那样通过固定的与非门来完成,而只能采用一种易于反复配置的结构。查找表可以很好地满足这一要求。查找表(look up table,LUT)是可编程的最小逻辑构成单元,目前 FP-GA 中多使用 4 输入的 LUT,所以每一个 LUT 可以看成一个有 4 位地址线的 RAM。

当用户通过原理图或 HDL 语言描述了一个逻辑电路以后,FPGA 开发软件会自动计算逻辑电路的所有可能结果,并把真值表(即结果)事先写入 RAM,这样,每输入一个信号进入逻辑运算就等于输入一个地址进行查表,找出地址相应的内容,然后输出即可。目前主流 FPGA 都采用了基于 SRAM 工艺的查找表结构,也有一些军品和宇航级 FPGA 采用 Flash 或者熔丝与反熔丝工艺的查找表结构,通过烧写文件改变查找表内容的方法来实现对 FPGA 的反复配置。

　　FPGA 采用了逻辑单元阵列(logic cell array,LCA)这样一个概念,内部包括可配置逻辑模块(configurable logic block,CLB)、输入输出模块(input output block,IOB)和内部连线(Interconnect)三个部分。现场可编程门阵列(FPGA)是可编程器件,与传统逻辑电路和门阵列(如 PAL,GAL 及 CPLD 器件)相比,FPGA 具有不同的结构。FPGA 利用小型查找表(16×1 RAM)来实现组合逻辑,每个查找表连接到一个 D 触发器的输入端,触发器再来驱动其他逻辑电路或驱动 I/O,由此构成了既可实现组合逻辑功能又可实现时序逻辑功能的基本逻辑单元模块,这些模块间利用金属连线互相连接或连接到 I/O 模块。FPGA 的逻辑是通过向内部静态存储单元加载编程数据来实现的,存储在存储器单元中的值决定了逻辑单元的逻辑功能,以及各模块之间或模块与 I/O 间的连接方式,并最终决定了 FPGA 所能实现的功能,FPGA 允许无限次的编程[2]。

2.4.2　FPGA 的芯片结构

　　主流的 FPGA 仍是基于查找表技术的,已经远远超出了先前版本的基本性能,并且整合了常用功能(如 RAM、时钟管理和 DSP)的硬核(ASIC 型)模块。FPGA 芯片主要由 7 部分完成,分别为:可编程输入输出单元、基本可编程逻辑单元、完整的时钟管理、嵌入块式 RAM、丰富的布线资源、内嵌的底层功能单元和内嵌专用硬件模块,如图 2.6 所示。

　　(1)可编程输入输出单元 IOB

　　可编程输入/输出单元简称 I/O 单元,是芯片与外界电路的接口部分,完成不同电气特性下对输入/输出信号的驱动与匹配要求,其示意结构如图 2.7 所示。FPGA 内的 I/O 按组分类,每组都能够独立地支持不同的 I/O 标准。通过软件的灵活配置,可适配不同的电气标准与 I/O 物理特性,可以调整驱动电流的大小,可以改变上、下拉电阻。I/O 口的频率也越来越高,一些高端的 FPGA 通过 DDR 寄存器技术可以支持高达 2 Gbps 的数据速率。

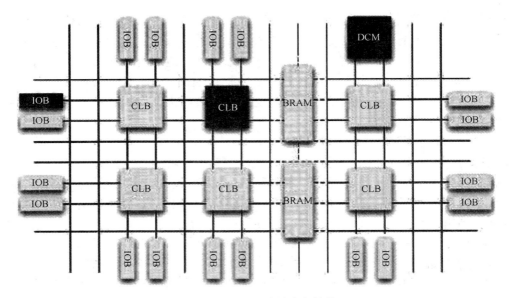

图 2.6　FPGA 芯片的内部结构

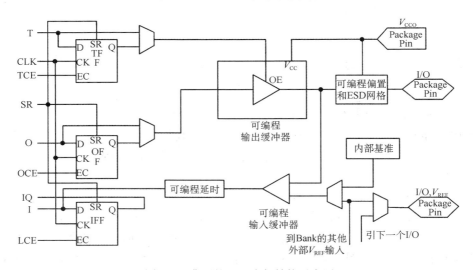

图 2.7　典型的 IOB 内部结构示意图

外部输入信号可以通过 IOB 模块的存储单元输入到 FPGA 的内部,也可以直接输入 FPGA 内部。当外部输入信号经过 IOB 模块的存储单元输入到 FPGA 内部时,其保持时间(hold time)的要求可以降低,通常默认为 0。为了便于管理和适应多种电器标准,FPGA 的 IOB 被划分为若干个组(bank),每个组的接口标准由其接口电压 V_{CCO} 决定,一个组只能有一种 V_{CCO},但不同组的 V_{CCO} 可以不同。只有相同电气标准的端口才能连接在一起，V_{cco}电压相同是接口标准的基本条件。

（2）可配置逻辑块 CLB

CLB 是 FPGA 内的基本逻辑单元。CLB 的实际数量和特性会依器件的不同而不同，但是每个 CLB 都包含一个可配置开关矩阵，此矩阵由 4 个或 6 个输入、一些选型电路（多路复用器等）和触发器组成。开关矩阵是高度灵活的，可以对其进行配置以便处理组合逻辑、移位寄存器或 RAM。在 Xilinx 公司的 FPGA 器件中，可配置逻辑模块 CLB（configurable logic block）由多个（一般为 4 个或 2 个）相同的 Slice（块单元）和附加逻辑构成，如图 2.8 所示。每个 CLB 模块不仅可以用于实现组合逻辑、时序逻辑，还可以配置为分布式 RAM（随机存储器）和分布式 ROM（只读存储器）。

（3）数字时钟管理模块 DCM

业内大多数 FPGA 均提供数字时钟管理（Xilinx 的全部 FPGA 均具有这种特性）。Xilinx 推出最先进的 FPGA 提供数字时钟管理和相位环路锁定。相位环路锁定能够提供精确的时钟综合，且能够降低抖动，并实现过滤功能。

（4）嵌入式块 RAM（BRAM）

大多数 FPGA 都具有内嵌的块 RAM，这大大拓展了 FPGA 的应用范围和灵活性。块 RAM 可被配置为单端口 RAM、双端口 RAM、内容地址存储器（CAM）以及 FIFO（先进先出）等常用存储结构。RAM、FIFO 是比较普及的概念，在此就不冗述。CAM 存储器在其内部的每个存储单元中都有一个比较逻辑，写入 CAM 中的数据会和内部的每一个数据进行比较，并返回与端口数据相同的所有数据的地址，因而在路由的地址交换器中有广泛的应用。除了块 RAM，还可以将 FPGA 中的 LUT 灵活地配置成 RAM、ROM 和 FIFO 等结构。在实际应用中，芯片内部块 RAM 的数量也是选择芯片的一个重要因素。

单片块 RAM 的容量为 18 kbit，即位宽为 18 bit、深度为 1024，可以根据需要改变其位宽和深度，但要满足两个原则：首先，修改后的容量（位宽深度）不能大于 18 kbit；其次，位宽最大不能超过 36 bit。当然，可以将多片块 RAM 级联起来形成更大的 RAM，此时只受限于芯片内块 RAM 的数量，而不再受上面两条原则约束。

（5）丰富的布线资源

布线资源连通 FPGA 内部的所有单元，而连线的长度和工艺决定着信号在连线上的驱动能力和传输速度。FPGA 芯片内部有着丰富的布线资源，根据工艺、长度、宽度和分布位置的不同而划分为 4 类不同的类别。第一类是全局布线资源，用于芯片内部全局时钟和全局复位/置位的布线；第二类是长线资源，用于完成芯片 Bank 间的高速信号和第二全局时钟信号的布线；第三类是短线资源，用于完成基本逻辑单元之间的逻辑互连和布线；第四类是分布式的布线资源，用于专有时钟、复位等控制信号线。

在实际中,设计者不需要直接选择布线资源,布局布线器可自动地根据输入逻辑网表的拓扑结构和约束条件选择布线资源来连通各个模块单元。从本质上讲,布线资源的使用方法和设计的结果有密切、直接的关系。

(6)底层内嵌功能单元

内嵌功能模块主要指延时锁相环 DLL(delay locked loop)、锁相环 PLL(phase locked loop)、数字信号处理器 DSP(digtial signal processing)和 CPU 等软处理核(Soft Core)。越来越丰富的内嵌功能单元,使得单片 FPGA 成了系统级的设计工具,使其具备了软硬件联合设计的能力,逐步向 SOC 平台过渡。

DLL 和 PLL 具有类似的功能,可以完成时钟高精度、低抖动的倍频和分频,以及占空比调整和移相等功能。Xilinx 公司生产的芯片上集成了 DLL,Altera 公司的芯片集成了 PLL,Lattice 公司的新型芯片上同时集成了 PLL 和 DLL。PLL 和 DLL 可以通过 IP 核生成的工具方便地进行管理和配置。DLL 的结构如图 2.8 所示。

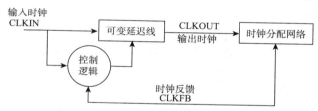

图 2.8　典型的 DLL 模块示意图

(7)内嵌专用硬核

内嵌专用硬核是相对底层嵌入的软核而言的,指 FPGA 处理能力强大的硬核(hard core),等效于 ASIC 电路。为了提高 FPGA 性能,芯片生产商在芯片内部集成了一些专用的硬核。例如,为了提高 FPGA 的乘法速度,主流的 FPGA 中都集成了专用乘法器;为了适用通信总线与接口标准,很多高端的 FPGA 内部都集成了串并收发器(SERDES),可以达到数十 Gbps 的收发速度。

Xilinx 公司的高端产品不仅集成了 Power PC 系列 CPU,还内嵌了 DSP Core 模块,其相应的系统级设计工具是嵌入式开发套件 EDK 和 Xilinx 平台工作室,Xilinx 依此提出了片上系统(system on chip)的概念。通过 Power PC、Microblaze、Picoblaze 等平台,能够开发标准的 DSP 处理器及其相关应用,达到 SOC 的开发目的。

2.4.3　FPGA 的特点

(1)采用 FPGA 设计 ASIC 电路(专用集成电路),用户不需要投片生产,就能得到合用的芯片。

（2）FPGA 可做其他全定制或半定制 ASIC 电路的中试样片。

（3）FPGA 内部有丰富的触发器和 I/O 引脚。

（4）FPGA 是 ASIC 电路中设计周期最短、开发费用最低、风险最小的器件之一。

（5）FPGA 采用高速 CMOS 工艺，功耗低，可以与 CMOS、TTL 电平兼容。

可以说，FPGA 芯片是小批量系统提高系统集成度、可靠性的最佳选择之一。

FPGA 是由存放在片内 RAM 中的程序来设置其工作状态的，因此，工作时需要对片内的 RAM 进行编程。用户可以根据不同的配置模式，采用不同的编程方式。

加电时，FPGA 芯片将 EPROM 中数据读入片内编程 RAM 中，配置完成后，FPGA 进入工作状态。掉电后，FPGA 恢复成白片，内部逻辑关系消失。因此，FPGA 能够反复使用。FPGA 的编程无需专用的 FPGA 编程器，只需用通用的 EPROM、PROM 编程器即可。当需要修改 FPGA 功能时，只需换一片 EPROM 即可。这样，同一片 FPGA，不同的编程数据，可以产生不同的电路功能。因此，FPGA 的使用非常灵活。

2.4.4　CPLD 与 FPGA 的比较

CPLD 与 FPGA 的辨别和分类主要是根据其结构特点和工作原理。通常的分类方法是：

将以乘积项结构方式构成逻辑行为的器件称为 CPLD，如 Lattice 的 ispLSI 系列、Xilinx 的 XC9500 系列、Altera 的 MAX7000S 系列和 Lattice 的 Mach 系列。

将以查表法结构方式构成逻辑行为的器件称为 FPGA，如 Xilinx 的 SPARTAN 系列、Altera 的 FLEX10K 或 ACEX1K 系列等。

尽管 CPLD 和 FPGA 都是可编程 ASIC 器件，有很多共同特点，但由于 CPLD 和 FPGA 结构上的差异，具有各自的特点。

（1）CPLD 更适合完成各种算法和组合逻辑，FPGA 更适合于完成时序逻辑。换句话说，FPGA 更适合于触发器丰富的结构，而 CPLD 更适合于触发器有限而乘积项丰富的结构。

（2）CPLD 的连续式布线结构决定了它的时序延迟是均匀的和可预测的，而 FPGA 的分段式布线结构决定了其延迟的不可预测性。

（3）在编程上 FPGA 比 CPLD 具有更大的灵活性。CPLD 通过修改具有固定内连电路的逻辑功能来编程，FPGA 主要通过改变内部连线的布线来编程；FPGA 可在逻辑门下编程，而 CPLD 是在逻辑块下编程。

（4）FPGA 的集成度比 CPLD 高，具有更复杂的布线结构和逻辑实现。

（5）CPLD 比 FPGA 使用起来更方便。CPLD 的编程采用 E2PROM 或 FASTFlash 技术，无需外部存储器芯片，使用简单。而 FPGA 的编程信息需存放在外部存储器上，使用方法复杂。

（6）CPLD 的速度比 FPGA 快，并且具有较大的时间可预测性。这是由于 FPGA 是门级编程，并且 CLB 之间采用分布式互联，而 CPLD 是逻辑块级编程，并且其逻辑块之间的互联是集总式的。

（7）在编程方式上，CPLD 主要是基于 E2PROM 或 Flash 存储器编程，编程次数可达 1 万次，优点是系统断电时编程信息也不丢失。CPLD 又可分为在编程器上编程和在系统编程两类。FPGA 大部分是基于 SRAM 编程，编程信息在系统断电时丢失，每次上电时，需从器件外部将编程数据重新写入 SRAM 中。其优点是可以编程任意次，可在工作中快速编程，从而实现板级和系统级的动态配置。

（8）CPLD 保密性好，FPGA 保密性差。

（9）一般情况下，CPLD 的功耗要比 FPGA 大，且集成度越高越明显。

2.5　本章小结

硬件描述语言就是指对硬件电路进行行为描述、寄存器传输描述或者结构化描述的一种语言，它的出现为硬件电路的设计带来了一次重大的变革。硬件描述语言克服了传统硬件电路设计方法的诸多缺点，从而能够满足大规模复杂电路设计的需要。

目前广泛使用的硬件描述语言主要有 3 种类型：AHDL 语言、Verilog HDL 语言和 VHDL 语言，其中 AHDL 语言由于 Altera 公司的竭力推广应用比较广泛。但是，随着 Verilog HDL 语言和 VHDL 语言成为 IEEE 标准后，设计人员的目光逐渐转移到了这两种硬件描述语言上来。近十年来，Verilog HDL 语言和 VHDL 语言已经成为硬件描述语言的主流。VHDL 语言是一种标准化的硬件描述语言，它具有强大的语言功能、硬件描述能力和移植能力，同时还具有设计与器件无关的特性，并且 VHDL 语言易于共享和复用，因此这种硬件描述语言得到了广泛的应用。当然，VHDL 语言不具有描述模拟电路的能力、系统级抽象描述能力较差以及有时不能准确地描述硬件电路等缺点，在一定程度上限制了 VHDL 语言的使用。

作为一种标准化的硬件描述语言，VHDL 语言描述硬件电路时具有一定的流程可以遵循。对于广大设计人员来说，掌握 VHDL 语言的开发流程图和开发步骤具有重要的指导作用。

第 3 章　VHDL 硬件描述语言

3.1　VHDL 概述

3.1.1　HDL 语言简介

HDL(hardware description language,硬件描述系统)以文本形式来描述数字系统硬件结构和行为,是一种用形式化方法来描述数字电路和系统的语言,可以从上层到下层来逐层描述自己的设计思想。即用一系列分层次的模块来表示复杂的数字系统,并逐层进行验证仿真,再把具体的模块组合由综合工具转化成门级网表,接下去再利用布局布线工具把网表转化为具体电路结构的实现。目前,这种自动向下的方法已被广泛使用。概括地讲,HDL 语言包含以下主要特征:

(1)HDL 语言既包含一些高级程序设计语言的结构形式,同时也兼顾描述硬件线路连接的具体结构。

(2)通过使用结构级行为描述,可以在不同的抽象层次描述设计。HDL 语言采用自顶向下的数字电路设计方法,主要包括 3 个领域 5 个抽象层次。

(3)HDL 语言是并行处理的,具有同一时刻执行多任务的能力。这和一般高级设计语言串行执行的特征是不同的。

(4)HDL 语言具有时序的概念。一般的高级编程语言是没有时序概念的,但在硬件电路中从输入到输出总是有延时存在的,为了描述这一特征,需要引入延时的概念。HDL 语言不仅可以描述硬件电路的功能,还可以描述电路的时序。

VHDL 和 Verilog HDL 是目前世界上最流行的两种硬件描述语言,均为 IEEE 标准,被广泛地应用于基于可编程逻辑器件的项目开发。二者都是在 20 世纪 80 年代中期开发出来的,前者由 Gateway Design Automation 公司开发,后者由美国军方研发。

3.1.2　VHDL 语言简介

VHDL 全名 Very-High-Speed Integrated Circuit Hardware Description Language(超高速集成电路硬件描述语言),诞生于 1982 年。1987 年底,VHDL 被 IEEE 和美国国防部确认定为标准硬件描述语言。自 IEEE-1076(简称 87 版)之后,各 EDA 公司相

继推出自己的 VHDL 设计环境,或宣布自己的设计工具可以和 VHDL 接口。1993年,IEEE 对 VHDL 进行了修订,从更高的抽象层次和系统描述能力上扩展 VHDL 的内容,公布了新版本的 VHDL,即 IEEE 标准的 1076—1993 版本,简称 93 版。VHDL和 Verilog HDL 作为 IEEE 的工业标准硬件描述语言,得到众多 EDA 公司支持,在电子工程领域,已成为事实上的通用硬件描述语言。

VHDL 主要用于描述数字系统的结构、行为、功能和接口。除了含有许多具有硬件特征的语句外,VHDL 的语言形式、描述风格以及语法是十分类似于一般的计算机高级语言。VHDL 的程序结构特点是将一项工程设计,或称设计实体(可以是一个元件,一个电路模块或一个系统)分成外部(或称可视部分)和内部(或称不可视部分),既涉及实体的内部功能和算法完成部分。在对一个设计实体定义了外部界面后,一旦其内部开发完成,其他的设计就可以直接调用这个实体[3]。这种将设计实体分成内外部分的概念是 VHDL 系统设计的基本点。

3.1.3　VHDL 语言的特点

与其他硬件描述语言相比,VHDL 具有以下特点:

(1)功能强大、设计灵活。VHDL 具有功能强大的语言结构,可以用简洁明确的源代码来描述复杂的逻辑控制。它具有多层次的设计描述功能,层层细化,最后可直接生成电路级描述。VHDL 支持同步电路、异步电路和随机电路的设计,这是其他硬件描述语言所不能比拟的。VHDL 还支持各种设计方法,既支持自底向上的设计,又支持自顶向下的设计;既支持模块化设计,又支持层次化设计。

(2)支持广泛、易于修改。由于 VHDL 已经成为 IEEE 标准所规范的硬件描述语言,大多数 EDA 工具都支持 VHDL,这为 VHDL 的进一步推广和广泛应用奠定了基础。在硬件电路设计过程中,主要的设计文件是用 VHDL 编写的源代码,因为 VHDL易读和结构化,所以易于修改设计。

(3)强大的系统硬件描述能力。VHDL 具有多层次的设计描述功能,既可以描述系统级电路,又可以描述门级电路。而描述既可以采用行为描述、寄存器传输描述或结构描述,也可以采用三者混合的混合级描述。另外,VHDL 支持惯性延迟和传输延迟,还可以准确地建立硬件电路模型。VHDL 支持预定义的和自定义的数据类型,给硬件描述带来较大的自由度,使设计人员能够方便地创建高层次的系统模型。

(4)独立于器件的设计、与工艺无关。设计人员用 VHDL 进行设计时,不需要首先考虑选择完成设计的器件,就可以集中精力进行设计的优化。当设计描述完成后,可以用多种不同的器件结构来实现其功能。

(5)很强的移植能力。VHDL 是一种标准化的硬件描述语言,同一个设计描述可以被不同的工具所支持,使得设计描述的移植成为可能。

(6)易于共享和复用。VHDL 采用基于库(library)的设计方法,可以建立各种可再次利用的模块。这些模块可以预先设计或使用以前设计中的存档模块,将这些模块存放到库中,就可以在以后的设计中进行复用,可以使设计成果在设计人员之间进行交流和共享,减少硬件电路设计。

3.2　实体、结构体以及编程风格

3.2.1　VHDL 语言程序的基本结构

通常 VHDL 语言程序是对一个设计单元进行描述的,这个设计单元就是所谓的设计实体。一个基本设计单元只能唯一地对应一个设计单元或者说是一个基本设计实体,它可以是一个复杂的数字电子系统,也可以是一个数字单元或芯片,甚至还可以是一个简单的基本门电路。但是,不管是复杂的数字电子系统,还是简单的门电路,它们的基本构成都是一样的,都是由实体说明和结构体两部分组成的。虽然说一个实体说明可以对应多个结构体,但是通常要求一个独立的 VHDL 语言程序只能由一个实体说明和一个结构体组成,这称为实体结构体对。

下面是一个简单的半加器电路的 VHDL 语言程序,以此来简单介绍一下 VHDL 语言程序的基本结构。

例程 3-1:

```
library IEEE;
use IEEE. STD_LOGIC_1164. ALL;

entity half _adder is
    port( a, b: in std_logic;
        sum, carry_out:out std_logic );
end half_adder;

architecture behavior of half_ader is
begin
        process( a, b)
                begin
                if a = '1' then
                        sum  ⇐ not b;
```

```
                carry_out ⇐ b;
    else
                sum ⇐ b;
                carry_out ⇐'0';
        end if;
end process;

end behavior;
```

3.2.2　实体说明

实体说明部分包括实体名及该实体与外部电路的接口,它定义了该实体输入输出端口的名称、位宽及类型。这些信息是实体和外部其他电路进行连接或者被高层次实体调用所必需的。实体说明仅仅描述设计实体的外部特征,并没有说明实体所要实现的功能。

下面是例程 3-1 中半加器的实体说明:

```
entity half_adder is
port( a, b: in std_logic;
            sum, carry_out:out std_logic);
end half_adder;
```

实体说明以关键字 **entity** 开始,后面跟随实体名。本例中实体名为 half_adder。在关键字 **port** 之后是实体的输入输出端口。每个端口名称、方向以及所要传递的数据类型都被一一列出来。在上面的例子中,a 和 b 是输入端口,以关键字 **in** 表示,它们的数据类型用 std_logic 进行说明。sum 和 carry_out 是输出端口,用 **out** 表示,它们也是 std_logic 类型的。

实体说明的格式为:

```
entity <实体名> is
[port (端口接口列表);]
end[entity] <实体名>;  ([ ]方括号表明所包含项目是可选的)
```

3.2.3　端口说明

端口说明表明了端口的信息传输方向。VHDL 中定义了 5 种端口模式:输入通信模式(**in**)、输出通信模式(**out**)、双向通信模式(**inout**)、缓冲通信模式(**buffer**)和链接通信模式(**linkage**)。

(1)输入通信模式。输入通信模式采用保留字 **in** 来表示,它表示数据或信号只能从实体外部通过实体的端口流向实体内部,而不能从实体端口流出。一般情况下,设为输入通信模式的端口信号有时钟信号、复位信号、使能信号、数据控制信号、地址输入信号以及单向的数据输入信号等。

(2)输出通信模式。输出通信模式采用保留字 **out** 来表示,它表示数据或信号只能从设计实体内部通过实体的端口流向实体的外部。一般情况下,设为输出通信模式的端口有计数器输出信号、寄存器输出信号、单向数据输出信号以及控制其他单元的信号等。

(3)双向通信模式。双向通信模式采用保留字 **inout** 来表示,它表示数据或信号既可以从设计实体内部通过实体的端口流向实体的外部,同时也可以从实体外部通过实体的端口流向实体内部。需要注意的是,虽然双向通信模式可以代替输入通信模式、输出通信模式和缓冲通信模式,但是建议读者们不要这样做。双向模式通常在具有双向传输数据功能的设计实体说明中使用,例如含有双向数据总线的设计单元。

(4)缓冲通信模式。缓冲通信模式采用保留字 **buffer** 来表示,它表示数据或信号既可以从设计实体内部通过实体的端口流向实体的外部,同时也可以将流出实体端口的信号或数据引回到设计实体,从而将该数据或信号用于内部反馈。

内部反馈的实现方法是将设计实体的一个端口设定为缓冲模式,同时在实体内部建立内部结点。当设计实体的某一端口既需要输出又需要反馈时,该相应端口就应该设为缓冲通信模式。设为缓冲通信模式的端口信号驱动源来自于设计实体的内部,或者来自其他设定为缓冲通信模式的端口。

(5)链接通信模式。链接通信模式采用保留字 **linkage** 来表示,它表示实体端口无指定方向,可以与任意方向的数据或信号相连。

3.2.4　结构体

结构体定义了设计实体的行为或结构,即设计实体怎样实现它的功能,或者是设计实体的内部结构是怎样的。

结构体必须和某个实体相关联,从而形成一个实体结构体对。结构体不能脱离与之相关联的实体说明而单独存在。同一个实体说明可以与多个结构体相关联,从而形成不同的设计实体。这样,同一个实体的功能可以有多种不同的具体实现方式。

例程 3-1 中的半加器结构体为:

```
architecture behavior of half_ader is
begin
    process( a, b)
        begin
```

```
        if a = '1' then
                sum  ⇐ not b;
                carry_out  ⇐ b;
        else
                sum  ⇐ b;
                carry_out  ⇐ '0';
        end if;
    end process;
```

end behavior;

结构体定义以关键字 **architecture** 开始。上面一段程序中结构体的名称是 behavior,相应的实体名称是 half_adder。结构体中引用的实体名必须和其所关联的实体名称一致。

结构体说明的格式为:

architecture <结构体名> of <实体名> is

[定义语句;]

begin

<并行处理语句>

end [architecture] <结构体名>;

(1)结构体命名规则

结构体名是对本结构体的命名,它是该结构体的唯一名称,通常是由设计人员自由命名的。由上述结构体基本格式所知,**of** 后面的实体名表明了该结构体所对应的实体。需要说明的是一个实体可以对应多个结构体,这通常对应了实体不同的功能描述。

尽管结构体的命名可以是设计者随心所欲,但是在实际设计中还是应该遵循一些惯例的,比如,采用行为描述方式的结构体一般命名为 behavior;采用数据流描述方式的结构体一般命名为 dataflow 或者是 rtl;采用结构体描述方式的结构体一般命名为 structural。通过这样的命名可以使阅读 VHDL 语言程序的人一目了然地看懂程序所采用的描述方式,但是在实际设计中这 3 种描述方式通常也没有明确的区分,有时候还有 3 种描述方式混用的情况,所以单纯只看描述名并不能帮助我们正确地读懂程序,之所以要遵循一些惯例只是告诫初学者在学习的初期就应该重视要养成良好的编程习惯。

(2)定义语句

定义语句通常是对结构体内部所使用的信号、常数、数据类型还有函数等进行定义,这里要特别强调的是这些定义语句的作用范围仅限于所定义的结构体内。比如,前面讲过一个实体可以对应多个结构体,假如我们在其中的一个结构体内定义了信号、常数,这些信号、常数并不能在另外的结构体中使用。初学者往往容易混淆定义语句的使用范围,这一点一定要引起重视。

（3）并行处理语句

并行处理语句位于结构体描述部分的 **begin** 和 **end** 之间,并行处理语句是 VHDL 语言的设计的核心,它描述了结构体的行为及连接关系,反映了这个设计的功能。一般来说,结构体中的并行处理语句主要包括块语句、进程语句、信号赋值语句、子程序调用语句和元件例化语句。上述 5 种并行处理语句的具体内容将在后续章节中详细讨论。

下面给出一个 3-8 译码器设计的实例,读者可以分析实体和结构体的内容,逐渐掌握 VHDL 语言程序的基本结构。

例程 3-2:

```
library IEEE;
use IEEE. STD_LOGIC_1164. ALL;
use IEEE. STD_LOGIC_ARITH. ALL;
use IEEE. STD_LOGIC_UNSIGNED. ALL;

entity coder38 is
    port (a:in std_logic;
        b:in std_logic;
        c:in std_logic;
        en:in std_logic;
        y: out std_logic_vector(7 downto 0));
end coder38;

architecture dataflow of coder38 is
    signal sil:std_logic_vector(3 downto 0);
begin
    sil <= en & c & b & a;
    with sil select
        y <= "11111110" when "1000",
        "11111101" when"1001",
        "11111011"when"1010",
```

```
"11110111" when"1011",
"11101111" when"1100",
"11011111"when"1101",
"10111111"when"1110",
"01111111"when"1111",
"11111111"when others;
```

end dataflow;

3.2.5 三种基本编程风格

在结构体内描述所需要实现的逻辑功能时,可以采用以下三种基本描述方式之一:数据流方式、行为方式、结构方式。与这三种方式相对应的程序也具有不同的特点:

- 数据流方式:结构体中只使用并行信号赋值语句。
- 行为方式:结构体中只使用进程语句。
- 结构方式:结构体中只使用元件例化语句。

通常,设计者会将这几种方式组合起来使用。从理论上讲,设计者可以使用任何一种方式进行电路功能描述。然而,根据不同电路具体特点,采用某种方式可能比采用其他方式更为直观。例如,如果一个实体由几个较低层次的设计实体组合而成,那么采用结构方式可能更加直观。对于一个实现某种算法功能的系统而言,往往需要用较为抽象的方式来描述,此时使用行为方式将更加高效。设计者可以根据电路的具体特点、抽象程度以及个人喜好来决定采取什么样的描述方式。

1. 数据流方式

所谓数据流方式就是指对设计实体的描述是按照从信号到信号的数据流的路径形式来进行的,这种描述形式很容易进行综合逻辑,是设计人员经常采用的一种描述方法。它也常被称作寄存器传输描述(RTL)。

由于这种描述方法需要对设计实体内部信号的数据路径进行描述,因此这种描述方法对设计人员的硬件知识要求较高。它不仅要求设计人员对设计实体的具体功能实现有清楚的了解,而且还要对设计实体内部的逻辑电路结构有清楚的认识。

下面给出半加器的数据流描述方式。

例程 3-3:

```
ibrary IEEE;
use IEEE. STD_LOGIC_1164. ALL;
```

```
entity half_adder is
    port (a, b: in std_logic;
        sum, carry_out:out std_logic);
end half_adder;

architecture datdflow of half_adder is
begin
    sum ⇐ a xor b;
    carry_out ⇐ a and b;
end dataflow;
```

2. 行为方式

所谓行为方式就是指对设计实体的描述是按照算法的途径来进行的,其抽象程度远远高于结构体的数据流描述和结构化描述。结构体的行为描述在 EDA 工程中常被称为高层次描述或者高级描述,其主要原因是:

(1)结构体的行为描述是一种抽象描述,而不是具体电路结构的描述。这种描述对于电子设计而言是对设计实体整体功能的描述,是一种高层次的概括,所以称为高层次描述;

(2)从计算机领域而言,结构体的行为描述和许多高级编程语言类似,所以计算机业内人士通常称其为高级描述。

下面给出半加器的行为描述方式。

例程 3-4:

```
library IEEE;
use IEEE. STD_LOGIC_1164. ALL;

entity half _adder is
    port(a, b: in std_logic;
        sum, carry_out:out std_logic);
end half_adder;

architecture behavior of half_ader is
begin
    process(a, b)
            begin
```

```
            if a ='1' then
                    sum  ⇐ not b;
                    carry_out  ⇐ b;
            else
                    sum  ⇐ b;
                    carry_out  ⇐ '0';
            end if;
        end process;

end behavior;
```

3. 结构方式

所谓结构方式就是指在层次化设计中,高层次模块调用低层次模块、基本逻辑门或者基本逻辑单元来组成复杂数字电路或系统的描述方法。结构方式同样要求设计人员要有较好的硬件电路知识。实际上,结构方式不仅是一种描述形式,而且体现了层次化设计的思想。

下面给出半加器的结构描述方式。

例程 3-5:

```
library IEEE;
use IEEE. STD_LOGIC_1164. ALL;

entity half_adder is
    port (a, b:in std_logic;
        sum, carryout:out std_logic);
end half_adder;

architecture structure of half_adder is
    component xor_2
    port(i1,i2:in std_logic;
            o1:out std_logic);
    end component;

    component and_2
    port(i1,i2:in std_logic;
```

```
          o1 : out std_logic);
       end component;
  begin
      U0 : xor_2
      port map(i1 ⇒ a, i2 ⇒ b, o1 ⇒ sum);
      U1 : and_2
      port map(i1 ⇒ a, i2 ⇒ b, o1 ⇒ carry_out);
  end structure;
```

上面的 VHDL 语言程序中的结构体名为 structure,表明该结构体采用的是结构方式描述方法。程序中出现了两个 **component** 语句,指明了在结构体中准备调用的例化元件子模块。**component** 语句的基本书写格式为:

component <引用元件名 >

［generic <参数说明 >;］

port <端口说明 >;

end component;

在保留字 **begin** 和保留字 **end** 之间是描述半加器结构的端口映射语句,用来指明各端口之间、各元件之间的信号连接关系。端口映射语句,又称为元件例化语句,其基本书写格式为:

<标号名: > <元件名 >［generic map（参数映射);］

　　　　port map（端口映射);

例子中的 U0、U1 是例化元件符号,不能重复;xor_2、and_2 是例化元件名,可以重复使用。端口映射关系用来指明层次间信号的对应关系,端口映射关系有两种:位置映射和名称映射。使用名称映射时,箭头符号(⇒)指出了其左侧的实体端口和其右侧的所处结构的信号或端口的关联(连接)关系,箭头符号被读为"连接到"。采用名称映射方式时,可以清楚地表示出端口映射关系,不用担心端口的排列顺序。上例中采用名称映射的元件例化语句:

　　　　U0 : xor_2

　　　　port map(i1 ⇒ a, i2 ⇒ b, o1 ⇒ sum);

此外,还可以使用位置映射的方式指出端口映射关系。这时,外部信号或端口在元件例化时所排列的位置就包含了其映射对应关系,此时不需要使用" ⇒ "符号。下面是采用位置映射的元件例化语句:

　　　　U0 : xor_2

　　　　port map(a, b, sum);

3.3　数据类型及运算操作符

3.3.1　VHDL 的数据对象及类型

在 VHDL 中,对象是承载某种类型数值的基本语言要素。一个对象的类别代表了该对象的基本特征和使用特点。例如,对象值是否可以更改,是否会随时间发生变化等。VHDL 语言中具有 4 种典型的对象:信号、常量、变量、文件。

- 信号:具有当前值和预期(未来)值的对象。其预期值可以通过信号赋值语句根据需要进行改变。
- 常量:在初始化后值不能被改变的对象。
- 变量:只有当前值的对象,变量的值可以使用变量赋值语句加以改变。
- 文件:内部存储一组某种类型数据的对象。

信号、常量以及变量是可综合的,文件是不可综合的,通常用于 testbench 中。

每个 VHDL 对象必定属于某种类型。对象类型规定了对象能取什么样的值以及对这些值能进行什么样的操作。VHDL 中有以下 5 种类型:

- 标量类型(scalar type):具有单一不可再分的值,既可以是数值,也可以是枚举值。
- 组合(混合)类型(composite type):由一组元素组成,每个元素有自己的值。常用的有两种组合类型:数组型和记录型。同一个数组中的所有元素都是同一个类型的,记录中的元素是可以不同类型的。
- 访问类型(access type):提供一个给定类型对象的访问方式,和常规编程语言中的指针类似。
- 文件类型(file type):文件型对象的内部包含一系列给定类型的值(如磁盘文件)。一个文件型的值就是在主系统文件中代表该文件的一个文件序号。
- 被保护类型(protected type):当多个进程访问同一个变量(全局变量)时,它可以提供变量的原子和排他访问。原子访问是指当一个进程对一个变量进行操作时,其他任何进程不能对其进行操作。

以上只有标量类型和混合类型是可综合的。

VHDL 对类型有着明确规定并要求严格遵守。如果在一个表达式中混合使用了不同类型的对象或者取值超出了其所属类型的规定,编译器或仿真器就会产生出错误信息。比如,整型值 0,实数值 0.0,以及比特值'0'分别属于不同的类型,在使用上是完全不同的。VHDL 对类型定义和使用的严格规范使编译器很容易发现语法中存在的错误。所有的对象在使用前必须进行声明。对象声明给出了对象的名称,定义了它所属的类型,有时还为它分配了初始值。

（1）信号（signal）

信号是描述硬件系统的基本数据对象,它类似于连接线。信号可以作为设计实体中并行语句模块间的信息交流通道（交流来自顺序语句结构中的信息）。在VHDL 中,信号及其相关的信号赋值语句、决断函数、延时语句等很好地描述了硬件系统的许多基本特征。如硬件系统运行的并行性、信号传输过程中的惯性延迟特性、多驱动源的总线行为等。

信号作为一种数值容器,不但可以容纳当前值,也可以保持历史值。这一属性与触发器的记忆功能有很好的对应关系,因此它又类似于 ABEL 语言中定义了“REG”的节点 NODE 的功能,只是不必注明信号上数据流动的方向。信号定义的语句格式与变量非常相似,信号定义也可以设置初始值[4]。

信号说明的基本格式:

signal 信号名:数据类型　约束条件:= 表达式;

需要说明的是,上述格式中的“约束条件”和“表达式”都是可选的,应该根据实际需要说明。以下是几个信号说明的例子:

signal vcc:bit:='0';

signal counter:natural range 0 to 15:=0;

signal flag:std_logic:='1';

signal data_bus:std_logic_vector(7 downto 0);

“约束条件”通常是对信号的变化范围的限制,“表达式”是对信号赋初值,如果在信号说明中没有对信号赋初值,那么则认为信号取默认值,默认值是信号数据类型的最小值或者最左值。在程序运行中,信号值的改变是随着信号当前状态而改变的,通常是通过动态赋值实现的,并且信号赋值存在延时,这与变量赋值有着根本区别。信号赋值语句的基本格式为:

信号 ⇐ 表达式;

需要特别注意的是,信号赋值的符号是“ ⇐ ”,而在信号说明初始化时用的符号是“ := ”,需要仔细区分。

（2）常量（constant）

常数的定义和设置主要是为了使设计实体中的常数更容易阅读和修改。例如,将位矢的宽度定义为一个常量,只要修改这个常量就能很容易地改变宽度,从而改变硬件结构。在程序中,常量是一个恒定不变的值,一旦作了数据类型和赋值定义后,在程序中不能再改变,因而具有全局性意义。

信号说明的基本格式:

constant 常量名:数据类型:= 表达式;

以下是几个常量说明的例子：

constant vcc：real：= 2.5 v；

constant number：natural：= 10；

constant delay：time：= 200 ns；

constant bus：std_logic_vector：= "11110111"；

需要说明的是，常量是有作用范围的：如果一个常量是在整个工程的程序包中说明的，那么该工程中的任何包含了该程序包头文件的程序都可以使用这个常量；如果一个常量是在某个程序的实体中说明的，那么在该程序内部的任何结构体中都可以使用这个数据对象；如果一个常量是在某个程序内部的结构体中说明的，那么它的使用范围仅限于该结构体。VHDL 语言中的所有数据对象都类似地遵循这个原则。

常量在赋初始值的时候一定要满足赋给常量的值与常量定义的数据类型一致，下面的常量赋值是错误的：

constant number：integer：= 200 ns；

常量 number 的数据类型是整数，而 200 ns 的数据类型是时间，二者显然不同，因而这种赋值方法是错误的。

（3）变量（variable）

在 VHDL 语法规则中，变量是一个局部量，只能在进程和子程序中使用。变量不能将信息带出对它做出定义的当前设计单元。变量的赋值是一种理想化的数据传输，是立即发生，不存在任何延时的行为。VHDL 语言规则不支持变量附加延时语句。变量常用在实现某种算法的赋值语句中。

变量说明的基本格式：

variable 变量名：数据类型　约束条件：= 表达式；

需要说明的是，上述格式中的"约束条件"和"表达式"都是可选的，应该根据实际需要说明。以下是几个变量说明的例子：

variable x：integer；

variable counter：natural range 0 to 7：= 0；

variable flag：std_logic：= '1'；

variable delay：time：= 100 ns；

"约束条件"通常是对变量的变化范围的限制，"表达式"是对变量赋初值，如果在变量说明中没有对变量赋初值，那么则认为变量取默认值，默认值是变量数据类型的最小值或者最左值。在程序运行中，变量始终是只包含一个值的，这个值如果没有通过变量赋值语句将其改变，就保持不变，这和信号有着根本的区别。变量赋值语句的基本格式为：

变量：= 表达式；

需要说明的是,变量赋值语句用的赋值符号是":=",这也是正确区分信号与变量的一个重要标志。

3.3.2　VHDL 语言的数据类型

在数据对象的定义中,必不可少的一项说明就是设定所定义的数据对象的数据类型,并且要求此对象的赋值源也必须是相同的数据类型。这是因为 VHDL 是一种强类型语言,对运算关系与赋值关系中各量(操作数)的数据类型有严格要求。VHDL 要求设计实体中的每一个常数、信号、变量、函数以及设定的各种参量都必须具有确定的数据类型,并且相同数据类型的量才能互相传递和作用。VHDL 作为强类型语言的好处是使 VHDL 编译或综合工具很容易地找出设计中的各种常见错误。VHDL 中的各种预定义数据类型大多数体现了硬件电路的不同特性,因此也为其他大多数硬件描述语言所采纳。例如,BIT 可以描述电路中的开关信号。

在一般高级语言中,数据类型都比较简单,且包含的种类都大同小异;VHDL 硬件描述则不同,它的数据类型比较复杂,大体来说可分为标准型和用户自定义型两类。

1. 标准的数据类型

(1)布尔(**boolean**)数据类型

程序包 STANDARD 中定义的源代码如下:

```
type boolean is (false,true);
```

布尔数据类型实际上是一个二值枚举型数据类型。它的取值如以上的定义所示,即 false(伪)和 true(真)两种。综合器将用一个二进制位表示 boolean 型变量或信号。布尔量不属于数值,因此不能用于运算,它只能通过关系运算符获得。

例如,当 a 大于 b 时,在 if 语句中的关系运算表达式(a > b)的结果是布尔量 true,反之为 false。综合器将其变为 1 或 0 信号值,对应于硬件系统中的一根线。

布尔数据与位数据类型可以用转换函数相互转换。

(2)位(**bit**)数据类型

位数据类型也属于枚举型,取值只能是 1 或者 0。位数据类型的数据对象,如变量、信号等,可以参与逻辑运算,运算结果仍是位的数据类型。VHDL 综合器用一个二进制位表示 bit。在程序包 STANDARD 中定义的源代码是:

```
type bit is ('0','1');
```

(3)位矢量(**bit_vector**)数据类型

位矢量只是基于 bit 数据类型的数组,在程序包 STANDARD 中定义的源代码是:

　　　　type bit_vector isarray（natural range < >) of bit;

　　使用位矢量必须注明位宽,即数组中的元素个数和排列,例如:

　　　　signal a:bit_vector(7 to 0);

　　信号 a 被定义为一个具有 8 位位宽的矢量,它的最左位是 a(7),最右位是 a(0)。

　　(4)字符(**character**)数据类型

　　字符类型通常用单引号引起来,如'A'。字符类型区分大小写,如'B'不同于'b'。字符类型已在 STANDARD 程序包中作了定义,定义如下:

```
TYPE CHARACTER IS (
        NUL,SOH,STX,ETX, EOT, ENQ, ACK,BEL,
        BS, HT,LF,VT, FF,CR, SO,SI,
        DLE, DC1,DC2,DC3,DC4, NAK, SYN,ETB,
        CAN, EM,SUB,ESC,FSP, GSP, RSP, USP,
        ', '!', '"', '#', ' $ ', '%', '&', ''',
        '(', ')', ' * ', ' +',',', ' -','.',/,
        '0','1', '2', '3', '4','5','6', '7',
        '8','9',':',';', ' <',' = ',' >','?',
        '@','A','B','C','D', 'E','F','G',
        'H','I','J', 'K', 'L', 'M', 'N', 'O',
        'P', 'Q','R','S', 'T','U', 'V', 'W',
        'X','Y', 'Z', '[,' ', ']', '^', '_',
        '`', 'a', 'b', 'c', 'd', 'e', 'f', 'g',
        'h','i', 'j', 'k', 'l', 'm', 'n', 'o',
        'p', 'q', 'r', 's', 't', 'u', 'v', 'w',
        'x','y', 'z', '{', '|', '}', '~', DEL
        );
```

　　请注意,在 VHDL 程序设计中,标识符的大小写一般是不分的,但用了单引号的字符的大小写是有区分的,如上所示在程序包中定义的每一个数字、符号、大小写字母都是互不相同的。

　　(5)整数(**integer**)数据类型

　　整数类型的数代表正整数、负整数和零。整数类型与算术整数相似,可以使用预定义的运算操作符,如加" + "、减" - "、乘" * "、除" / "等进行算术运算。在 VHDL 中,整数的取值范围是 - 2147483647 ～ +2147483647,即可用 32 位有符号的二进制数表示。在实际应用中,VHDL 仿真器通常将 integer 类型作为有符号数处理,而 VHDL 综合器则将 integer 作为无符号数处理。在使用整数时,VHDL 综合器要求用

range 子句为所定义的数限定范围,然后根据所限定的范围来决定表示此信号或变量的二进制数的位数,因为 VHDL 综合器无法综合未限定范围的整数类型的信号或变量。

如下面语句:

　　　signal typei:integer range 0 to 15;

规定整数 typei 的取值范围是 0～15 共 16 个值,可用 4 位二进制数来表示,因此,typei 将被综合成由四条信号线构成的总线式信号。

整数常量的书写方式示例如下:

2	十进制整数
0	十进制整数
77459102	十进制整数
10E4	十进制整数
16#D2#	十六进制整数
8#720#	八进制整数
2#11010010#	二进制整数

（6）自然数（**natural**）和正整数（**positive**）数据类型

自然数是整数的一个子类型,非负的整数,即零和正整数。正整数也是整数的一个子类型,它包括整数中非零和非负的数值。

它们在 STANDARD 程序包中定义的源代码如下:

　　　subtype natural is integer range 0 to integer'high;

　　　subtype positive is integer range 1 to integer'high;

（7）实数（**real**）数据类型

VHDL 的实数类型也类似于数学上的实数,或称浮点数。实数的取值范围为 $-1.0E38$～$+1.0E38$。通常情况下,实数类型仅能在 VHDL 仿真器中使用,VHDL 综合器则不支持实数,因为直接的实数类型的表达和实现相当复杂,目前在电路规模上难以承受。实数常量的书写方式举例如下:

1.0	十进制浮点数
0.0	十进制浮点数
65971.333333	十进制浮点数
65_971.333_3333	与上一行等价
8#43.6#E+4	八进制浮点数
43.6E-4	十进制浮点数

（8）字符串（**string**）数据类型

字符串数据类型是字符数据类型的一个非约束型数组,或称为字符串数组。字符串必须用双引号标明。如：

  variable string_var：string(1 to 7)；

  string_var：= "a b c d"；

（9）时间（**time**）数据类型

VHDL 中唯一的预定义物理类型是时间。完整的时间类型包括整数和物理量单位两部分，整数和单位之间至少留一个空格，如 55 ms，20 ns。

STANDARD 程序包中也定义了时间。定义如下：

  type time is range − 2147483647 to 2147483647

    units

      fs；   ——飞秒，VHDL 中的最小时间单位

      ps = 1000 fs；   ——皮秒

      ns = 1000 ps；   ——纳秒

      us = 1000 ns；   ——微秒

      ms = 1000 us；   ——毫秒

      sec = 1000 ms；   ——秒

      min = 60 sec；   ——分

      hr = 60 min；   ——时

    end units；

（10）错误等级（**severity level**）

在 VHDL 仿真器中，错误等级用来指示设计系统的工作状态，共有四种可能的状态值，即 NOTE（注意）、WARNING（警告）、ERROR（出错）、FAILURE（失败）。在仿真过程中可输出这四种值来提示被仿真系统当前的工作情况。其定义如下：

  type severity_level is（note, warning, error, faliure）；

2. 用户定义的数据类型

在 VHDL 语言设计中，用户可以根据需要自己定义数据类型，这样就给设计人员带来了极大的自由度和灵活性。用户自定义数据类型的书写格式为：

  type 数据类型名［，数据类型名，……］is 数据类型定义；

下面分别介绍几种常用的用户定义的数据类型。

（1）枚举类型

枚举类型是一组用表列形式给定的适用于特定操作所需要的值，一个枚举类型的所有值均可以由用户自己定义。枚举数据类型的定义格式为：

  type 数据类型 is（枚举元素，枚举元素，……）

在上面的定义格式中，所有的枚举元素都可以由用户自己来定义，这些枚举元素

常常是标示符或单个字符:标示符一般是一个名字,例如 monday、adle 等;单个字符则是用单引号括起来的单个字符,例如'A''B'等。

下面看一个枚举类型定义的例子。

type week is(sunday, monday,tuesday, wednesday, thursday, friday, saturday);

其中,week 为枚举数据类型名,7 个枚举元素分别为 sunday, monday,tuesday, wednesday, thursday, friday, saturday。这样根据上面的枚举数据类型定义,凡是代表星期天的日期都可以用标示符 sunday 来表示,这比用代码表示要方便直观得多。

在 VHDL 语言中,经常使用的枚举类型是 std_ulogic,以及作为综合和仿真的标准经常使用的子类型 std_logic。在 IEEE 库程序包 STD_LOGIC_1164 中对 std_logic 的数据类型进行了如下定义:

```
type std _logic is(
        'U'——未初始化的
        'X'——强未知的
        '0'——强 0
        '1'——强 1
        'Z'——高阻态
        'W'——弱未知的
        'L'——弱 0
        'H'——弱 1
        '—'——忽略);
```

在程序中使用此数据类型前,需加入下面的语句:

```
library IEEE;
use IEEE. STD_LOGIC_1164. ALL;
```

由定义可见,std_logic 是标准 bit 数据类型的扩展,共定义了九种值,这意味着,对于定义为数据类型是标准逻辑位 std_logic 的数据对象,其可能的取值已非传统的 bit 那样只有 0 和 1 两种取值,而是如上定义的那样有九种可能的取值。目前在设计中一般只使用 IEEE 的 std_logic 标准逻辑位数据类型,bit 型则很少使用。

在仿真和综合中,std_logic 值是非常重要的,它可以使设计者精确地模拟一些未知的和高阻态的线路情况。对于综合器,高阻态和"—"忽略态可用于三态的描述。但就综合而言,std_logic 型数据能够在数字器件中实现的只有其中的四种值,即 —、0、1 和 Z。当然,这并不表明其余的五种值不存在。这九种值对于 VHDL 的行为仿真都有重要意义。

(2)整数类型和实数类型

实际上,整数类型和实数类型已经在 VHDL 语言标准中进行了定义,而设计人员自己再进行定义则是出于设计需要,对整数或实数限定一个使用范围。例如,在 7 段显示译码电路的设计中,每组数码管组成一个数字序列,这组数码管表示的数据范围就是整数类型的一个子类型。设该电路由两位数码管组成,那么它的数据类型说明应为:

  type digit is integer range 0 to 99;

但是对每一个数码管来说,其数据类型说明应为:

  type digit is integer range 0 to 9;

实数类型与之类似,例如:

  type current is real range − 1e40 to 1e4;

通过上面的小例子,可以总结出整数类型和实数类型用户定义的一般书写格式为:

  type 数据类型名 is 数据类型定义约束范围;

(3)数组类型

数组是将相同类型的数据集合在一起所形成的一个新的数据类型,它可以是一维的,也可以是二维或者多维的。

数组类型定义的书写格式为:

  type 数据类型名 is array 约束范围 of 数组元素类型;

同时,数组类型还可以分为限定性数组和非限定性数组。限定性数组下标的取值范围在该数组类型定义时就被确定;而非限定性数组的取值范围随后才确定。

下面是几个数组类型定义的小例子。

  type word is array (15 downto 0) of std_logic;

  type data_bus is array (0 to 7) of bit;

  type bit_vector is array (natural range < >) of bit;

  type std_ulogic_vector is array (natural range < >) of std_ulogic;

这里,通常可以把" < >"看作是下标范围的占位符,今后用到该数组时再填入具体的数值范围。下面通过一个例子来看看给数组赋值的不同方法。

例程 3-6:

```
library IEEE;
use IEEE. STD_LOGIC_1164. ALL;
entity typecast is
        port (in1 : in std_logic;
              in2 : in std_logic;
              out1 : out std_logic_vector (1 downto 0);
              out2 : out std_logic_vector (1 downto 0);
```

```
        out3：out std_logic_vector（1 downto 0）;
        out4：out std_logic_vector（1 downto 0）;
        out5：out std_logic_vector（1 downto 0））;
    end typecast;
architecture behavior of typecast is
    begin
    process（in1，in2）
    variable tmp1，tmp2，tmp3，tmp4，tmp5：std_logic_vector(1 downto 0）;
    begin
        tmp1：=（in1，in2）;
        tmp2：=in1&in2;
        tmp3：=std_logic_vector(in1 & in2）;
        tmp4：=std_logic_vector(1 downto 0）(in1 & in2）;
        tmp3：=std_logic_vector(1 downto 0）(in1& in2）;
        out1 ⇐tmp1;
        out2 ⇐tmp2;
        out3 ⇐tmp3;
        out4 ⇐tmp4;
        out5 ⇐tmp5;
    end process;
end behavior;
```

（4）记录类型

由上面的讲述可知,数组类型是同一类型数据集合起来形成的,而记录类型则是将不同类型的数据和数据名组织在一起而形成的新的数据类型。

记录类型定义的书写格式为:

```
type 记录类型名 is record
    记录元素名 1:数据类型名;
    记录元素名 2:数据类型名;
    ……
end record;
```

下面是一个记录类型定义的例子。

```
type month_name is（jan,feb,mar,apr,may,jul,aug,sep,oct,nov,dec）;
type calendar is record
    year:integer range 0 to 2000;
```

```
    month：month_name;
    day：integer range 1 to 31;
    enable：bit;
    data_output：std_logic_vector（7 downto 0）;
end record;
```

（5）物理类型

物理类型常常用来作为测试单元,表示像时间、电压以及电流等这样的物理量。物理类型提供一个取值范围、一个基本单位,然后再单位条目下定义若干个次级单位,次级单位是基本单位的整数倍。

物理类型定义的书写格式为:

```
    type 物理类型名 is 约束范围
    uints
        基本单位;
        单位条目;
    end units;
```

前面提到过的时间类型实际上就是一个物理类型,读者可以参考时间类型的定义来掌握物理类型定义的书写格式。

在定义物理类型的时候,有三个方面需要注意:一是物理类型定义的约束范围规定了能按基本单位表示的物理类型的最大值和最小值;二是在定义过程中的所有单位标识符必须是唯一的;三是定义的物理类型一般用来作为测试单元使用,主要用于仿真,对于综合来说则没有什么意义。

3.3.3　VHDL 语言的运算操作符

与传统的程序设计语言一样,VHDL 各种表达式中的基本元素也是由不同类型的运算符相连而成的。这里所说的基本元素称为操作数,运算符称为操作符。操作数和操作符相结合就成了描述 VHDL 算术或逻辑运算的表达式。其中操作数是各种运算的对象,而操作符规定运算的方式。

在 VHDL 中,有四类操作符,即逻辑操作符（logical）、关系操作符（relational）、算术操作符（arithmetic）和并置操作符（concatenation）。

（1）逻辑操作符

VHDL 语言提供了 7 种逻辑操作符,它们分别为:

- NOT　　　　　逻辑非
- AND　　　　　逻辑与
- OR　　　　　逻辑或

- NAND　　　　逻辑与非
- NOR　　　　逻辑或或
- XOR　　　　逻辑异或
- XNOR　　　逻辑异或非

上述所有逻辑运算符均可以对 bit、boolean、std_logic 数据类型以及一位数组类型 bit_vector 和 std_logic_vector 进行操作。对于数据类型为数组类型的操作数,逻辑运算施加于数组的每个元素,其结果为相同长度的数组。信号和变量在这些逻辑运算符的直接作用下,可以构成组合逻辑电路。

AND、OR、NAND、NOR 常常也被称为短路运算符,即只有左边的运算结果不能确定其结果时才执行右边的操作;AND、NAND 只有左边的运算结果为 1 或 true 时才执行右边的运算;OR、NOR 只有在左边的运算结果为 0 或 FALSE 时才执行右边的操作。

在 VHDL 语言提供的 7 种逻辑运算符中,除了 NOT 外其他逻辑运算符具有相同的逻辑优先级。因此,在一个 VHDL 语句中存在两个逻辑表达式时,左右将没有优先级差别。对于这种没有优先级差别的情况,一般可以采用加括号的方法来解决。当逻辑表达式中带有括号的时候,一般先进行括号内的逻辑运算,然后再进行括号外的操作运算。

下面是几个合法的逻辑运算表达式的例子。

q ← a AND b AND c AND d;

q ← a OR b OR c OR d;

q ← a XOR b XOR c XOR d;

q ← ((a NAND b) NAND c) NAND d;　——必须要加括号

需要注意的是,VHDL 表达式语法规定:使用逻辑运算符时允许一个逻辑表达式中有两个或者多个 AND 逻辑运算符而不加括号,OR、XOR、NOR 的规定与 AND 相同;不允许一个逻辑表达式中有两个或者两个以上 NAND 逻辑运算符而不加括号;不允许在一个逻辑表达式中不用括号而把不同的逻辑运算符结合在一起。

(2)关系操作符

关系操作符的作用是将相同数据类型的数据对象进行数值比较或关系排序判断,并将结果以布尔类型(BOOLEAN)的数据表示出来,即 TRUE 或 FALSE。两种 VHDL 提供了六种关系运算操作符:=(等于)、/=(不等于)、>(大于)、<(小于)、>=(大于等于)和<=(小于等于)。

VHDL 规定,等于和不等于操作符的操作对象可以是 VHDL 中的任何数据类型构成的操作数。例如,对于标量型数据 a 和 b,如果它们的数据类型相同,且数值也相同,则(a = b)的运算结果是 TRUE;(a/= b)的运算结果是 FALSE。对于数组或记录类型(复合型,或称非标量型)的操作数,VHDL 编译器将逐位比较对应位置各位数值的大小。只有当等号两边数据中的每一对应位全部相等时才返还 BOOLEAN 结果 TRUE。对于不等号的比较,等号两边数据中的任一元素不等则判为不等,返回值为 TRUE。

余下的关系操作符 < 、< = 、> 和 > = 称为排序操作符,它们的操作对象的数据类型有一定限制。允许的数据类型包括所有枚举数据类型、整数数据类型以及由枚举型或整数型数据类型元素构成的一维数组。不同长度的数组也可进行排序。VHDL 的排序判断规则是, 整数值的大小排序坐标是从正无限到负无限,枚举型数据的大小排序方式与它们的定义方式一致,如:

'1' > '0'; ture > false; a > b(若 a = 1, b = 0)

两个数组的排序判断是通过从左至右逐一对元素进行比较来决定的,在比较过程中,并不管原数组的下标定义顺序,即不管用 to 还是用 downto 在比较过程中,若发现有一对元素不等,便确定了这对数组的排序情况,即最后所测元素对 q 其中具有较大值的那个数值确定为大值数组。例如,位矢(1011)判为大于(101011),这是因为,排序判断是从左至右的(101011),左起第四位是 0,故而判为小。在下例的关系操作符中,VHDL 都判为 TRUE。

'1' = '1';

"101" = "101";

'1' > "011";

"101" < "110";

对于以上的一些明显的判断错误可以利用 STD_LOGIC_ARITH 程序包中定义的 unsigned 数据类型来解决,可将这些进行比较的数据的数据类型定义为 unsigned 即可。如下式:

unsigned"1" < unsigned"011"

的比较结果将判为 TURE。

(3)算术操作符

在 VHDL 语言中有 3 种算术运算,可以被所有的 EDA 工具综合为逻辑电路,他们的符号和名称是:

- +　　　　　加运算
- –　　　　　减运算
- *　　　　　乘运算

上述中的加运算、减运算与日常数值运算相同,可以用于整数、浮点数和物理类型,但是用于加减运算的两个操作数必须类型相同;乘运算的操作数可以同为整数和实数,物理量乘整数仍为物理量。

除了上述 3 种常用算术运算外,VHDL 语言语法中还包含了很多种体现高级语言特性的算术运算,例如:

- / 　　　　　除运算
- * * 　　　　乘方运算
- MOD 　　　　取模运算
- REM 　　　　取余运算
- + 　　　　　正号
- – 　　　　　负号
- ABS 　　　　取绝对值
- SLL 　　　　逻辑左移
- SRL 　　　　逻辑右移
- SLA 　　　　算术左移
- SRA 　　　　算术右移
- ROL 　　　　逻辑循环左移
- ROR 　　　　逻辑循环右移

需要说明的是,虽然这些算术运算都是在 VHDL 语言内部定义的语法,但是在设计中它们却很难甚至完全不可能被 EDA 工具综合成逻辑电路。因此在实际应用中,它们的使用价值不大。

（4）并置操作符

在 VHDL 语言中只有一种并置操作符,其符号如下:

　　　　　& 　　　　　并置运算

并置操作符的主要功能是用于位的连接,即将并置操作符右边的内容连接到左边的内容之后以形成一个新的位矢量。并置操作符要么将两个位连接起来形成一个位矢量;要么将两个位矢量连接起来以形成一个更大的位矢量;要么将位矢量和位连接起来以形成一个新的位矢量。下面是用 VHDL 语言设计一个 2-4 线译码器的例子。

例程 3-7:

```
library IEEE;
use IEEE. STD_LOGIC_1164. ALL;
entity coder2_4 is
        port (a, b, en:in std_logic;
                y:out std_logic_vector (3 downto 0) );
end coder2_4;
architecture dataflow of coder2_4 is
```

```
signal tmp：std_logic_vector（1 downto 0）；
begin
tmp ⇐ a & b；
process（a，b，en）
begin
        if（en ='0'）then
                case tmp is
                        when"00" ⇒ y ⇐ "1110"；
                        when"01" ⇒ y ⇐ "1101"；
                        when"10" ⇒ y ⇐ "1011"；
                        when"11" ⇒ y ⇐ "0111"；
                        when others ⇒ y ⇐ "XXXX"；
                end case；
        else
                y ⇐ "1111"；
        end if；
end process；
end dataflow；
```

在程序中,信号 tmp 就是输入信号 a、b 做并置运算结果,通过并置运算列举了所有可能的译码情况。

3.3.4　VHDL 语言中的库

在利用 VHDL 进行工程设计中,为了提高设计效率以及使设计遵循某些统一的语言标准或数据格式,有必要将一些有用的信息汇集在一个或几个库中以供调用。这些信息可以是预先定义好的数据类型、子程序等设计单元的集合体(程序包),或预先设计好的各种设计实体(元件库程序包)。因此,可以把库看成是一种用来存储预先完成的程序包、数据集合体和元件的仓库。如果要在一项 VHDL 设计中用到某一程序包,就必须在这项设计中预先打开这个程序包,使此设计能随时使用这一程序包中的内容。在综合过程中,每当综合器在较高层次的 VHDL 源文件中遇到库语言,就将随库指定的源文件读入,并参与综合。这就是说,在综合过程中,所要调用的库必须以 VHDL 源文件的方式存在,并能使综合器随时读入使用。为此必须在这一设计实体前使用库语句和 USE 语句[5]。一般地,在 VHDL 程序中被声明打开的库和程序包,对于本项设计称为是可视的,那么这些库中的内容就可以被设计项目所调用。有些库被 IEEE 认可,成为 IEEE 库,IEEE 库存放了 IEEE-1076 中标准设计单元,如 Synopsys 公司的 STD_LOGIC_UNSIGNED 程序包等。

通常,库中放置不同数量的程序包,而程序包中又可放置不同数量的少子程序;子程序中又含有函数、过程、设计实体(元件)等基础设计单元。

VHDL 语言的库分为两类:一类是设计库,如在具体设计项目中设定的目录所对应的 WORK 库,另一类是资源库,资源库是常规元件和标准模块存放的库,如 IEEE 库。设计库对当前项目是默认可视的,无需用 LIBRARY 和 USE 等语句以显式声明。

库(library)的语句格式如下:

library 库名;

这一语句即相当于为其后的设计实体打开了以此库名命名的库,以便设计实体可以利用其中的程序包。如语句"library IEEE;"表示打开 IEEE 库。

1. 库的种类

VHDL 程序设计中常用的库有以下几种:

* IEEE 库

IEEE 库是 VHDL 设计中最为常见的库,它包含有 IEEE 标准的程序包和其他一些支持工业标准的程序包。IEEE 库中的标准程序包主要包括 STD_LOGIC_1164,NUMERIC_BIT 和 NUMERIC_STD 等程序包。其中的 STD_LOGIC_1164 是最重要和最常用的程序包,大部分基于数字系统设计的程序包都是以此程序包中设定的标准为基础的。

此外,还有一些程序包虽非 IEEE 标准,但由于其已成事实上的工业标准,也都并入了 IEEE 库。这些程序包中最常用的是 Synopsys 公司的 STD_LOGIC_ARITH、STD_LOGIC_SIGNED 和 STD_LOGIC_UNSIGNED 程序包,目前流行于我国的大多数 EDA 工具都支持 Synopsys 公司的程序包。一般基于大规模可编程逻辑器件的数字系统设计,IEEE 库中的四个程序包 STD_LOGIC_1164、STD_LOGIC_ARITH 、STD_LOGIC_SIGNED 和 STD_LOGIC_UNSIGNED 已足够使用。另外需要注意的是,在 IEEE 库中符合 IEEE 标准的程序包并非符合 VHDL 语言标准,如 STD_LOGIC_1164 程序包。因此在使用 VHDL 设计实体的前面必须以显式表达出来。

* STD 库

VHDL 语言标准定义了两个标准程序包,即 STANDARD 和 TEXTIO 程序包(文件输入/输出程序包),它们都被收入在 STD 库中,只要在 VHDL 应用环境中,即可随时调用这两个程序包中的所有内容,即在编译和综合过程中, VHDL 的每一项设计都自动地将其包含进去了。由于 STD 库符合 VHDL 语言标准,在应用中不必如 IEEE 库那样以显式表达出来,如在程序中以下的库使用语句是不必要的。

library STD;

use STD. STANDARD . ALL;

● WORK 库

WORK 库是用户的 VHDL 设计的现行工作库,用于存放用户设计和定义的一些设计单元和程序包,因而是用户的临时仓库,用户设计项目的成品、半成品模块,以及先期已设计好的元件都放在其中。WORK 库自动满足 VHDL 语言标准,在实际调用中,也不必以显式预先说明。基于 VHDL 所要求的 WORK 库的基本概念,在 PC 机或工作站上利用 VHDL 进行项目设计,不允许在根目录下进行,而是必须为此设定一个目录,用于保存所有此项目的设计文件,VHDL 综合器将此目录默认为 WORK 库。但必须注意,工作库并不是这个目录的目录名,而是一个逻辑名。综合器将指示器指向该目录的路径。VHDL 标准规定工作库总是可见的,因此,不必在 VHDL 程序中明确指定。

● VITAL 库

使用 VITAL 库,可以提高 VHDL 门级时序模拟的精度,因而只在 VHDL 仿真器中使用。库中包含时序程序包 VITAL_TIMING 和 VITAL_PRIMITIVES。VITAL 程序包已经成为 IEEE 标准,在当前的 VHDL 仿真器的库中,VITAL 库中的程序包都已经并到 IEEE 库中。

此外,用户还可以自己定义一些库,将自己的设计内容或通过交流获得的程序设计实体并入这些库中。

2. 库的用法

在 VHDL 语言中,库的说明语句总是放在实体单元前面。这样,在设计实体内的语句就可以使用库中的数据和文件。由此可见,库的用处在于使设计者可以共享已经编译过的设计成果。VHDL 允许在一个设计实体中同时打开多个不同的库,但库之间必须是相互独立的。

例如下面的三条语句:

library IEEE;

use IEEE. STD_LOGIC_1164. ALL;

use IEEE. STD_LOGIC_UNSIGNED;

表示打开 IEEE 库,再打开此库中的 STD_LOGIC_1164 程序包和 STD_LOGIC_UNSIGNED 程序包的所有内容。由此可见,在实际使用中,库是以程序包集合的方式存在的,具体调用的是程序包中的内容,因此对于任一 VHDL 设计,所需从库中调用的程序包在设计中应是可见的(可调出的),即以明确的语句表达方式加以定义,库语句指明库中的程序包以及包中的待调用文件。

3.3.5　VHDL 语言中的程序包

已在设计实体中定义的数据类型、子程序或数据对象对于其他设计实体是不可用的,或者说是不可见的。为了使已定义的常数、数据类型、元件调用说明以及子程序能被更多的 VHDL 设计实体方便地访问和共享,可以将它们收集在一个 VHDL 程序包中。多个程序包可以并入一个 VHDL 库中,使之适用于更一般的访问和调用范围。这一点对于大系统开发,多个或多组开发人员同步并行工作显得尤为重要。

程序包的内容主要由如下四种基本结构组成,因此一个程序包中至少应包含以下结构中的一种。

● 常数说明:在程序包中的常数说明结构主要用于预定义系统的宽度,如数据总线通道的宽度。

● VHDL 数据类型说明:主要用于在整个设计中通用的数据类型,例如通用的地址总线数据类型定义定。

● 元件定义:元件定义主要规定在 VHDL 设计中参与文件例化的文件对外的接口界面。

● 子程序:并入程序包的子程序有利于在设计中任一处进行方便地调用。

下面介绍几个在 VHDL 中常见的程序包。

(1)STANDARD 程序包

STANDARD 程序包预先在 STD 库中编译,它主要定义了布尔类型、bit 类型、字符类型、出错级别、实数类型、整数类型、时间类型、延迟长度子类型、自然数子类型、正整数子类型、字符串类型、位矢量类型、文件打开方式类型和文件打开状态类型。在 VHDL 语言中,STANDARD 程序包将自动与所有模块连接,在所有设计单元的开始部分,其实已经隐含了如下的库说明语句和 USE 语句。

> library STD;
> use STD. STANDARD. ALL;

(2)TEXTIO 程序包

TEXTIO 程序包也预先在 STD 库中编译,它主要定义了与文本操作有关的数据类型和子程序。TEXTIO 程序包中定义了 LINE 类型、TEXT 类型、STDE 类型、操作宽度 WIDTH 子类型、文件 INPUT、文件 OUTPUT、READLINE 过程、对应于不同数据类型的 READ 过程、WRITELINE 过程和对应于不同数据类型的 WRITE 过程。需要注意的是,TEXTIO 程序包不能自动与任意模块连接,因此使用它时必须在设计实体单元的开始部分加上如下说明语句。

> library STD;
> use STD. STANDARD. ALL;

（3）STD_LOGIC_1164 程序包

STD_LOGIC_1164 程序包预先在 IEEE 库中编译，其中主要定义了一些常用的数据类型和函数。STD_LOGIC_1164 程序包定义了 STD_ULOGIC 类型、STD_ULOGIC_VERCTOR 类型、STD_LOGIC 类型、STD_LOGIC_VECTOR 类型、决断函数 RESOLVED、X01 子类型、X01Z 类型、UX01 子类型，以及对应与不同数据类型的 TO_BIT、TO_X01、TO_X01Z、TO_UX01 转换函数、上升沿函数 RISING_EDGE、下降沿函数 FALLING_EDGE 和对应与不同类型的 IS_X 函数。

由于 STD_LOGIC_1164 程序包不能直接进行访问，因此使用它时必须在设计实体单元的开始部分加上如下说明语句。

```
library IEEE;
use IEEE. STD_LOGIC_1164. ALL;
```

3.4　VHDL 语言的描述语句

3.4.1　顺序描述语句

顺序描述语句只能出现在进程、过程或函数中，由它定义进程、过程或函数所执行的算法。语句中所涉及的系统行为有时序流、控制、条件和迭代等；语句的功能操作有算术、逻辑运算，信号和变量的赋值，子程序的调用等。顺序描述语句像在一般高级语言中一样，其语句是按出现的次序加以执行的。在 VHDL 语言中顺序描述语句主要有以下几种：wait 语句、顺序赋值语句、if 语句、case 语句、loop 语句、next 语句、exit 语句、assert 语句、return 语句、下面就这几种语句做具体讲述。

1. wait 语句

在进程中（包括过程中），当执行到 wait 等待语句时，运行程序将被挂起，直到满足此语句设置的结束挂起条件后，将重新开始执行进程或过程中的程序。对于不同的结束挂起条件的设置，wait 语句有以下四种不同的语句格式。

```
wait;                      ——第一种语句格式
wait on 信号表;            ——第二种语句格式
wait until 条件表达式;     ——第三种语句格式
wait for 时间表达式;       ——第四种语句格式   超时等待语句
```

第一种语句格式中，未设置停止挂起条件的表达式，表示永远挂起。

第二种语句格式称为敏感信号等待语句，在信号表中列出的信号是等待语句的敏感信号,当处于等待状态时,敏感信号的任何变化(如从 0～1 或从 1～0 的变化)将结束挂起,再次启动进程。如下面的程序所示,在其进程中使用了 WAIT 语句。

```
signal s1, s2:std_logic;
…
process
begin
…
wait on s1, s2;
end process;
```

在执行了此例中所有的语句后,进程将在 wait 语句处被挂起,一直到 s1 或 s2 中任一信号发生改变时,进程才重新开始。读者可注意到,此例中的 PROCESS 语句未列出任何敏感量。VHDL 规定,已列出敏感量的进程中不能使用任何形式的 wait 语句。一般地,wait 语句可用于进程中的任何地方。

第三种语句格式称为条件等待语句,相对于第二种语句格式,条件等待语句格式中又多了一种重新启动进程的条件,即被此语句挂起的进程需顺序满足如下两个条件,进程才能脱离挂起状态。

(1)在条件表达式中所含的信号发生了改变;

(2)此信号改变后,且满足 wait 语句所设的条件。

这两个条件不但缺一不可,而且必须依照以上顺序来完成。

第四种等待语句格式称为超时等待语句,在此语句中定义了一个时间段,从执行到当前的 wait 语句开始,在此时间段内,进程处于挂起状态,当超过这一时间段后,进程自动恢复执行。由于此语句不可综合,在此不做拟深入讨论。

2. 顺序赋值语句

信号赋值语句和变量赋值语句是 VHDL 语言中两种主要的顺序赋值语句。

(1)变量赋值语句

变量赋值语句的书写格式为:

目的变量:= 表达式;

该语句表明,目的变量的值将由表达式所表达的新值替代。但是两者的类型必须相同。目的变量的类型、范围及初值在事先应已给出过。右边的表达式可以是变量、信号或字符。该变量和一般高级语言中的变量是类似的。例如:

```
a:=4;
b:=0.9;
c:=d-f;
```

　　从上面的例子可以看到变量赋值的符号是":=",这与信号赋值语句的符号"⇐"有明显的不同。另外,变量值只在进程、子程序或函数中使用,它无法传递到子结构程序之外。因此,它类似于一般高级语言的局部变量,只在局部范围内有效。

　　需要特别注意的是,在变量赋值语句中,变量的赋值是直接的、立刻生效的,是不能在变量赋值语句中附加延时的。例如下面的例子是错误的,编译时会有出错信息。

　　　　　　a：='1' after 20 ns;

　　(2)信号赋值语句

　　信号赋值语句的书写格式为：

　　　　　　目的信号量 ⇐ 信号量表达式;

　　该语句表明,将右边信号量表达式的值赋予左边的目的信号量。例如：

　　　　　　flag1 ⇐ flag2;

　　该语句表示将信号量 flag2 的当前值赋予目的信号量 flag1。需要强调的是,信号赋值语句的符号"⇐",和关系操作的小于等于符"⩽"是一样的,要正确判别不同的操作关系。应注意上下文的含义和说明。另外,信号赋值符号两边信号量的类型和位长度应该保持一致。

　　(3)信号赋值语句和变量赋值语句的区别

　　变量赋值语句和信号赋值语句都是 VHDL 语言设计中常用的赋值处理语句。由于两者具有一定的相似性,所以设计人员容易将两者混淆,从而引起设计的错误。事实上,信号赋值语句和变量赋值语句之间是有很大区别的,主要表现在：对于变量赋值语句来说,变量的赋值是没有延时的,变量在赋值语句执行后立即得到新值;而对于信号赋值语句,则要求信号赋值语句的执行和信号值更新之间至少有 DELTA 延时,只有延时过后信号才能够得到新值,否则将保持原值。

3. if 语句

　　if 语句是一种条件语句,它根据语句中所设置的一种或多种条件,有选择地执行指定的顺序语句。if 语句的语句结构有以下三种：

```
        if 条件句 then          ——第一种 if 语句结构
            顺序语句
        end if


        if 条件句 then          ——第二种 if 语句结构
            顺序语句
          else
            顺序语句
```

```
end if

if 条件句 then                      ——第三种 if 语句结构
    顺序语句
  elsif 条件句 then
    顺序语句
        …
  else
    顺序语句
end if
```

if 语句中至少应有一个条件句,条件句必须由 boolean 表达式构成。if 语句根据条件句产生的判断结果 true 或 false,有条件地选择执行其后的顺序语句。第一种条件语句的执行情况是,当执行到此句时,首先检测关键词 if 后的条件表达式的布尔值是否为真(true),如果条件为真,于是(then)将顺序执行条件句中列出的各条语句,直到"end if",即完成全部 if 语句的执行。如果条件检测为伪(false),则跳过以下的顺序语句不予执行,直接结束 if 语句的执行。这是一种最简化的 if 语句表达形式。如下例:

```
        k1: if ( a > b) then
            output ⇐'1';
        end if k1;
```

其中 k1 是条件句名称,可有可无。若条件句(a > b)的检测结果为 true,则向信号 output 赋值 1,否则此信号维持原值。

与第一种 if 语句相比,第二种 if 语句差异仅在于当所测条件为 false 时,并不直接跳到 end if 结束条件句的执行,而是转向 else 以下的另一段顺序语句进行执行。所以第二种 if 语句具有条件分支的功能,就是通过测定所设条件的真伪以决定执行哪一组顺序语句,在执行完其中一组语句后,再结束 if 语句的执行。下例利用了第二种 if 语句来设计的 2 选 1 电路。

例程 3-8:
```
library IEEE;
use IEEE. STD_LOGIC_1164. ALL;
entity mux21 is
        port ( a: in std_logic;
            b: in std_logic;
            sel: in std_logic;
```

```
                y:out std_logic);
end mux21;
architecture rtl of mux21 is
begin
        process(a,b,sel)
        begin
        if ( sel ='1') then
                y ⇐ a;
        else
                y ⇐ b;
        end if
        end process;
end rtl;
```

第三种 if 语句通过关键词 elsif 设定多个判定条件,以使顺序语句的执行分支可以超过两个。这一语句的使用需注意的是,任一分支顺序语句的执行条件是以上各分支所确定条件的相与(即相关条件同时成立)。下例利用了第三种 if 语句来设计的 4 选 1 电路。

例程 3-9：

```
library IEEE;
use IEEE. STD_LOGIC_1164. ALL;
entity mux41 is
        port (a, b: in std_logic;
                d0, d1, d2, d3:in std_logic;
                y:out std_logic );
end mux41;
architecture rtl of mux41 is
signal tmp:std_logic_vector (1 downto 0);
begin
        process(a,b,d0,d1,d2,d3)
        begin
                tmp ⇐ a & b;
                if( tmp = "00" ) then
                        y ⇐ d0;
                elsif ( tmp = "01" ) then
```

```
                        y ⇐ d1;
         elsif ( tmp ＝ "10" ) then
                        y ⇐ d2;
         else
                        y ⇐ d3;
         end if;
    end process;
end rtl;
```

4. case 语句

case 语句根据满足的条件直接选择多项顺序语句中的一项执行。

case 语句的结构如下：

case 表达式 is

when 选择值 ⇒ 顺序语句

when 选择值 ⇒ 顺序语句

…

end case

当执行到 case 语句时,首先计算表达式的值,然后根据条件句中与之相同的选择值,执行对应的顺序语句,最后结束 case 语句。表达式可以是一个整数类型或枚举类型的值,也可以是由这些数据类型的值构成的数组(请注意,条件句中的" ⇒ "不是操作符,它只相当于"then"的作用)。

使用 case 语句需注意以下几点：

(1)条件句中的选择值必在表达式的取值范围内。

(2)除非所有条件句中的选择值能完整覆盖 case 语句中表达式的取值,否则最末一个条件句中的选择必须用"others"表示,它代表已给的所有条件句中未能列出的其他可能的取值。关键词 others 只能出现一次,且只能作为最后一种条件取值。使用 others 的目的是为了使条件句中的所有选择值能涵盖表达式的所有取值,以免综合器会插入不必要的锁存器。这一点对于定义为 STD_LOGIC 和 STD_LOGIC_VECTOR 数据类型的值尤为重要,因为这些数据对象的取值除了 1 和 0 以外,还可能有其他的取值,如高阻态 Z 、不定态 X 等。

(3) case 语句中每一条件句的选择值只能出现一次,不能有相同选择值的条件语句出现。

(4) case 语句执行中必须选中,且只能选中所列条件语句中的一条。这表明 CASE 语句中至少要包含一个条件语句。

下例利用了 case 语句来设计的 4 选 1 电路。

例程 3-10：

```
library IEEE;
use IEEE. STD_LOGIC_1164. ALL;
entity mux41 is
        port (a, b: in std_logic;
              d0, d1, d2, d3: in std_logic;
              y: out std_logic );
end mux41;
architecture rtl of mux41 is
signal tmp: std_logic_vector (1 downto 0);
begin
        process(a,b,d0,d1,d2,d3)
        begin
                tmp ⇐ a & b;
                case tmp is
                        when"00" ⇒ y ⇐ d0;
                        when "01" ⇒ y ⇐ d1;
                        when"10" ⇒ y ⇐ d2;
                        when"11" ⇒ y ⇐ d3;
                        when others ⇒ y ⇐ 'Z';
                end case;
        end process;
end rtl;
```

5. loop 语句

loop 语句就是循环语句,它可以使所包含的一组顺序语句被循环执行,其执行次数可由设定的循环参数决定。loop 语句的表达方式有三种。

(1)单个 loop 语句,其语法格式如下：

　　［loop 标号：］loop

　　　　顺序语句

　　end loop ［loop 标号］；

这种循环方式是一种最简单的语句形式,它的循环方式需引入其他控制语句(如 exit 语句)后才能确定；"loop 标号"可任选。例如：

...

L2 : loop

a : = a + 1;

exit L2 when a > 10;　　　 --当 a 大于 10 时跳出循环

end loop L2;

...

此程序的循环方式由 exit 语句确定,其方式是,当 a > 10 时结束循环执行 a : = a + 1。

(2)for_loop 语句,语法格式如下:

[loop 标号:] for 循环变量, in 循环次数范围 loop

　　　　　　　　顺序语句

　　　　　　　　end loop [loop 标号];

for 后的循环变量是一个临时变量,属 loop 语句的局部变量,不必事先定义。这个变量只能作为赋值源,不能被赋值, 它由 loop 语句自动定义。使用时应当注意,在 loop 语句范围内不要再使用其他与此循环变量同名的标识符。

循环次数范围规定 loop 语句中的顺序语句被执行的次数。循环变量从循环次数范围的初值开始, 每执行完一次顺序语句后递增 1,直至达到循环次数范围指定的最大值。下面是一个 8 位奇偶校验逻辑电路的 VHDL 程序。

例程 3-11:

```
library IEEE;
use IEEE. STD_LOGIC_1164. ALL
entity p_cheak is
        port (a:in std_logic_vector(7 downto 0);
                    y:out std_logic);
end p_check;
architecture opt of p_check is
        signal tmp:std_logic;
begin
        process(a)
        begin
        tmp <='0';
        for n in 0 to 7 loop
        tmp <= tmp XOR a(n);
        end loop ;
```

```
            y  ⇐ tmp;
            end process ;
    end opt;
```

（3）while_loop 语句,语法格式如下：

```
        [标号：] while 循环控制条件 loop
                顺序语句
                end loop [标号];
```

与 for_loop 语句不同的是,while_loop 语句并没有给出循环次数范围,没有自动递增循环变量的功能,而是只给出了循环执行顺序语句的条件。这里的循环控制条件可以是任何布尔表达式,如 a = 0 或 a > b。当条件为 true 时,继续循环；为 false 时,跳出循环,执行"end loop"后的语句。下面是一个 4 位的与门逻辑电路的 VHDL 程序。

例程 3-12：

```
library IEEE;
use IEEE. STD_LOGIC_1164. ALL ;
entity and4 is
        port( a：in std_logic_vector( 3 downto 0 );
                q：out std_logic );
end and4;
architecture rtl of and4 is
begin
        process( a )
        variable tmp：std_logic;
        variablei：integer;
        begin
                tmp：= '1';
                i：= 0;
                while ( i < 4 ) loop
                        tmp：= a( i ) AND tmp;
                        i：= i + 1;
                end loop;
                q ⇐ tmp;
        end process;
end rtl;
```

6. next 语句与 exit 语句

在使用 loop 语句时,当循环变量完成了满足循环条件下的各个取值以后,loop 语句会自动跳出循环。但是在实际应用中,常常会遇到需在循环语句的执行过程中跳出循环去执行其他语句的情况,循环跳出语句就是为了解决这个问题应运而生的。在 VHDL 语言中有两种跳出循环的语句:一种是跳出本次循环的 next 语句,另外一种是跳出整个循环的 exit 语句。

(1)next 语句

next 语句的书写格式为:

next［标号］［when 条件］;

next 语句一般是在 loop 语句内部使用的。当 next 语句执行时,它将停止本次循环而转入下一次新的循环。next 后跟的"标号"表明下一次循环的起始位置,而"when 条件"则是 next 语句执行的条件,可以缺省。如果 next 语句后面既无"标号"也无"when 条件",则表示只要执行到该语句就立即无条件地跳出本次循环,从 loop 语句的起始位置进入下一次循环。下面是一个对两个八位矢量进行的逻辑或电路。

例程 3-13:

```
library IEEE;
use IEEE. STD_LOGIC_1164. ALL;
entity or8_gate is
        port ( d0:in std_logic_vector (7 downto 0);
                d1:in std_logic_vector (7 downto 0);
            flag:in std_logic_vector (7 downto 0);
                q:out std_logic_vector (7 downto 0) );
end or8_gate;
architecture rtl of or8_gate is
begin
        process( d0, d1, flag)
        begin
                fori in 7 downto 0 loop
                        if (flag( i) ='1') then
                                next;
                        else;
                                q( i) <= d0( i) OR d1( i);
                        end if;
```

```
                    end loop;
        end process;
        end rtl;
```

（2）exit 语句

exit 语句是结束整个循环的状态的循环跳出语句,其书写格式为:

exit［标号］［when 条件］;

和 next 语句一样,exit 语句一般也是在 loop 语句内部使用的。exit 语句执行时,它将结束本次循环并跳出整个循环,转而去执行 loop 语句后面的其他语句。exit 语句后跟的"标号"表明要终止的 loop 语句的位置,而"when 条件"则是 exit 语句执行的条件,可以缺省。如果 exit 语句后面既无"标号"也无"when 条件",则表示只要执行到该语句就立即无条件地跳出本次循环并结束整个循环,转而去执行 loop 语句后面的其他语句。下面给出一个 exit 语句使用的例子。

```
        process( t )
        variable tmp：integer;
        begin
        tmp：= t;
        foriin 0 to 255 loop
              if（tmp ≤ 0）then
                      exit;
              else
                      tmp：= tmp － 1;
                      q(i) ≤ 10 * tmp * i;
              end if;
        end loop;
        end process;
```

7. assert 语句

assert 语句也称为断言语句,主要用于程序仿真、调试中的人机会话,它可以给出一个文字串作为警告和错误信息。assert 语句的书写格式为:

assert 条件［report 输出信息］［severity 级别］;

上述格式中的"条件",必须是一个布尔表达式,当执行 assert 语句时,首先会对条件进行判别,如果条件为"真",则向下执行另一个语句;如果条件为"假",则输出错误信息和错误严重程度的级别。在 report 后面跟的是设计者所写的文字串,通常是说明错误的原因,文字串应用双引号（""）将它们括起来。severity 后面跟的是错误严重程度的级别。在 VHDL 语言中错误严重程度分为 4 个级别,主要用来表征系统的状态。下面分别对这 4 个级别的返回信息进行说明。

（1）failure（失败）:级别最高的报错信息,它表示设计模块程序可能发生了破坏,整个模块程序不可综合。

（2）error（错误）:一般的错误信息,可能是模块程序局部语法或结构的错误,模块程序不可综合。

（3）warning（警告）:指出模块程序的不规范或逻辑不全面之处,不影响模块程序的综合。

（4）note（注意）:指出模块发生的一些应该注意的事项,不影响模块程序的综合。

8. return 语句

return 语句是在一段子程序结束后,用来返回到主程序的控制语句,其书写格式为:

```
return ［表达式］;
```

上述格式中的表达式可以缺省,但如果缺省,return 语句的使用范围会有所不同。具体情况为:表达式缺省,则该语句只能用于过程中,它将无条件地结束过程,并且不返回任何值;如果不缺省,则该语句只能用于函数中,它后面的表达式用来提供函数的返回值。

下面给出一个 return 语句使用的例子。

```
function min （a, b:integer ） return integer is
variable tmp:integer;
begin
if （a > b） then
        tmp: = b;
else
        tmp: = a;
end if;
return （tmp）;
end process;
```

3.4.2　并行描述语句

和顺序描述语句相对应,在 VHDL 语言中还有一类语句,它的执行顺序是按触发事件的先后顺序所决定而不受语句书写的先后顺序所影响,称这类语句为并行描述语句。由于硬件描述语言所描述的实际系统,其许多操作时并行的,因此在对系统进行仿真时,这些系统中的元件在定义的仿真时刻是并行工作的。并行描述语句就是用来表示这种并行行为的,它在 VHDL 程序中得到了广泛的应用。

相对于传统的软件描述语言,并行语句结构是最具 VHDL 特色的。在 VHDL 中,并行语句具有多种语句格式,各种并行语句在结构体中的执行是同步进行的。在执行中,并行语句之间可以有信息往来,也可以是互为独立、互不相关、异步运行的(如多时钟情况)。

并行语句在结构体中的使用格式如下:

　　architecture 结构体名 of 实体名 is
　　[说明(定义)语句;]
　　begin
　　[并行语句;]
　　[并行语句;]
　　end [architecture] [结构体名];

1. 进程语句

进程(PROCESS)语句是最具 VHDL 语言特色的语句,因为它提供了一种用算法(顺序语句)描述硬件行为的方法。进程实际上是用顺序语句描述的一种进行过程,也就是说进程用于描述顺序事件。PROCESS 语句结构包含了一个代表着设计实体中部分逻辑行为的、独立的顺序语句描述的进程。一个结构体中可以有多个并行运行的进程结构,而每一个进程的内部结构却是由一系列顺序语句来构成的。

PROCESS 语句表达格式如下:

　　[进程标号:] process [(敏感信号参数表)] [is]
　　[进程说明部分];
　　begin
　　顺序描述语句;
　　end process [进程标号];

PROCESS 语句结构是由三个部分组成的,即进程说明部分、顺序描述语句部分和敏感信号参数表。

(1)进程说明部分主要定义一些局部量,可包括数据类型、常数、属性、子程序等。但需注意,在进程说明部分中不允许定义信号和共享变量。

(2)顺序描述语句部分是一段顺序执行的语句,描述该进程的行为。PROCESS 中规定了每个进程语句在它的某个敏感信号(由敏感信号参量表列出)的值改变时都必须立即完成某一功能行为。它可分为赋值语句、进程启动语句、子程序调用语句、顺序描述语句和进程跳出语句等。

（3）敏感信号参数表需列出启动本进程要读入的信号名（当有 WAIT 语句时例外）。

下面是一个通过进程通信实现行为风格的全加器的例子。

例程 3-14：

```
library IEEE;
use IEEE. STD_LOGIC_1164. ALL;
entity full_ader is
port ( a, b, din:in std_logic;
            sum, dout:out std_logic);
end full_adder;
architecture process of full_adder is
signal s1, s2, s3:std_logic;
begin
        ha1:process( a, b)
    begin
            if a ='1' then
                s1  ⇐ not b;
                s2  ⇐ b;
            else
                s1  ⇐ b;
                s2  ⇐'0';
    end if;
            end process ha1;

            ha2:process( s1, din)
            begin
            if s1 ='1' then
                sum  ⇐ not din;
                s3  ⇐ din;
            else
                sum  ⇐ din;
                s3  ⇐'0';
            end if ;
            end process ha2;
```

```
        or1:process（s3，s2）
        begin
        if（s3 ='1'）or（s2 ='1'）then
                dout ⇐'1';
        else
                dout ⇐'0';
        end if;
        end process or1;
    end process;
```

进程的设计需要注意以下几方面的问题：

（1）虽然同一结构体中的进程之间是并行运行的，但同一进程中的逻辑描述语句则是顺序运行的，因而在进程中只能设置顺序语句。

（2）进程的激活必须由敏感信号表中定义的任一敏感信号的变化来启动，否则必须有一个显式的 wait 语句来激活。

（3）结构体中多个进程之所以能并行同步运行，一个很重要的原因是进程之间的通信是通过传递信号和共享变量值来实现的。

（4）进程是重要的建模工具。进程结构不但为综合器所支持，而且进程的建模方式将直接影响仿真和综合结果。

2. block 语句

块（block）语句是一种将结构体中的并行描述语句进行组合的方法，它的主要目的是改善并行语句及其结构的可读性，或是利用 block 的保护表达式关闭某些信号。

block 语句的格式：

```
    ［块标号］:block ［（卫式表达式）］
    ［类属子句［类属接口表; ］; ］
    ［端口子句［端口接口表; ］; ］
    ［块说明部分］
    begin
    <块语句部分 >
    end block［块标号］;
```

类属子句和类属接口表为接口说明，它有点类似于实体的定义部分，它可包含由关键词 port、generic、port map 和 generic map 引导的接口说明等语句，对 block 的接口设置以及与外界信号的连接状况加以说明。块的类属说明部分和接口说明部分的适用范围仅限于当前 block。所以，所有这些在 block 内部的说明对于这个块的外部来说是完全不透明的,即不能适用于外部环境,但对于嵌套于内层的块却是透明的。块的说明部分可以定义的项目主要有:use 语句、子程序、数据类型、子类型、常数、信号、元件。

块中的并行语句部分可包含结构体中的任何并行语句结构。block 语句本身属并行语句,block 语句中所包含的语句也是并行语句。

block 的应用可使结构体层次鲜明,结构明确。利用 block 语句可以将结构体中的并行语句划分成多个并列方式的 block,每一个 block 都像一个独立的设计实体,具有自己的类属参数说明和界面端口,以及与外部环境的衔接描述。

下面是采用块语句描述锁存器的 VHDL 语言程序。

例程 3-15:

```
library IEEE;
use IEEE. STD_LOGIC_1164. ALL;
entity dff is
port (d, clk:in std_logic;
              q, qb:out std_logic);
end dff;
architecture behave of dff is
begin
bdff:block (clk ='1')
        begin
            q ⇐ guarded d after 8 ns ;
            qb ⇐ guarded not(d) after 10 ns;
end block bdff;
end behave;
```

基于上面程序,当端口 clk 的值为"1"时,block 表达式为真,该 block 语句被启动执行,否则将不执行。这样卫式 block 语句就能通过时钟起到很好的控制作用,细心的读者会发现在本例中的两个信号传递语句前面都有关键字 guarded,这里是对卫式 block 语句起强调作用,表明只有满足卫式条件表达式为真才能执行此两条语句。

3. 并行信号赋值语句

并行信号赋值语句有三种形式:简单信号赋值语句、条件信号赋值语句和选择信号赋值语句。这三种信号赋值语句的共同点是:赋值目标必须都是信号,所有赋值语句与其他并行语句一样,在结构体内的执行是同时发生的,与它们的书写顺序和是否在块语句中没有关系。

（1）简单信号赋值语句

并行简单信号赋值语句是 VHDL 并行语句结构的最基本的单元,它的语句格式如下:

$\qquad$ 信号赋值目标 ⇐ 表达式;

式中,信号赋值目标的数据类型必须与赋值符号右边表达式的数据类型一致。例如:

```
architecture rtl of example is
begin
        q ⇐ a XOR b;
end rtl;
```

（2）条件信号赋值语句

条件信号赋值语句的表达方式如下:

$\qquad$ 赋值目标 ⇐ 表达式 1 when 赋值条件 1 else

$\qquad\qquad$ 表达式 2 when 赋值条件 2 else

$\qquad\qquad$ ⋯

$\qquad\qquad$ 表达式 n − 1 when 赋值条件 n − 1 else

$\qquad$ 表达式 n;

在结构体中的条件信号赋值语句的功能与在进程中的 IF 语句相同。在执行条件信号赋值语句时,每一赋值条件是按书写的先后关系逐项测定的,一旦发现赋值条件为 TRUE,立即将表达式的值赋给赋值目标。下面是一个利用条件信号赋值语句来描述的 4 选 1 逻辑电路。

例程 3-16:

```
library IEEE;
use IEEE. STD_LOGIC_1164. ALL;
entity mux41 is
        port (a, b, d0,d1,d2,d3:in std_logic;
                y:out std_logic);
end mux41;
architecture rtl of mux41 is
signal tmp:std_logic_vector (1 downto 0);
begin
tmp ⇐ a & b;
        y ⇐ d0 when tmp = "00" else
                d1 when tmp = "01" else
                d2 when tmp = "10" else
```

　　　　　　　　d3 when tmp = " 11 " else

　　　　　　　　'Z';

　　　　end rtl;

（3）选择信号赋值语句

选择信号赋值语句格式如下：

　　　with 条件表达式 select

　　　目标信号 ⇐ 表达式 1 when 条件 1,

　　　　　　　　表达式 2 when 条件 2,

　　　　　　　　…

　　　　　　　　表达式 n when 条件 n;

下面仍以 4 选 1 电路为例说明一下该语句的使用方法。

例程 3-17:

library IEEE;

use IEEE. STD_LOGIC_1164. ALL;

entity mux41 is

　　　　port (a, b, d0,d1,d2,d3:in std_logic;

　　　　　　y:out std_logic);

end mux41;

architecture rtl of mux41 is

signal tmp:std_logic_vector (1 downto 0);

begin

　　tmp ⇐ a & b;

　　with tmp select

　　　　q ⇐ d0 when "00"

　　　　　　　d1 when"01"

　　　　　　　d2 when"10"

　　　　　　　d3 when"11"

　　　　　'Z' when others;

　　end rtl;

4. 并行过程调用语句

　　并行过程（PROCEDURE）调用语句可以作为一个并行语句直接出现在结构体或块语句中。并行过程调用语句的功能等效于包含了同一个过程调用语句的进程。并行过程调用语句的语句调用格式与前面讲的顺序过程调用语句是相同的,即过程名

（关联参量名）。

    过程语句的格式：

        procedure 过程名（参数 1；参数 2；……）is

            ［定义语句］

        begin

            ［顺序语句］

        end 过程名；

    并行过程的调用，常用于获得被调用过程的多个并行工作的复制电路。例如，要同时检测出一系列有不同位宽的位矢信号，每一位矢信号中的位只能有一个位是 1，而其余的位都是 0，否则报告出错。完成这一功能的一种办法是先设计一个具有这种位矢信号检测功能的过程，然后对不同位宽的信号并行调用这一过程。

5. 元件例化语句

    元件例化就是将预先设计好的设计实体定义为一个元件，然后利用特定的语句将此元件与当前的设计实体中的指定端口相连接，从而为当前设计实体引入一个新的低一级的设计层次。元件例化是可以多层次的，在一个设计实体中被调用安插的元件本身也可以是一个低层次的当前设计实体，因而可以调用其他的元件，以便构成更低层次的电路模块。

    元件例化语句由两部分组成，前一部分是将一个现成的设计实体定义为一个元件的语句，第二部分则是此元件与当前设计实体中的连接说明，它们的语句格式如下：

        component 元件名 is

            generic ＜类属表＞；

            port ＜端口名表＞；

        end component 文件名；

        例化名：元件名 port map(

            ［端口名 ⇒］连接端口名，……）；

    以上两部分语句在元件例化中都是必须存在的。第一部分语句是元件定义语句，相当于对一个现成的设计实体进行封装，使其只留出对外的接口界面。就像一个集成芯片只留几个引脚在外一样，它的类属表可列出端口的数据类型和参数，端口名表可列出对外通信的各端口名。元件例化的第二部分语句即为元件例化语句，其中的例化名是必须存在的，它类似于标在当前系统（电路板）中的一个插座名，而元件名则是准备在此插座上插入的、已定义好的元件名。port map 是端口映射的意思，其中的端口名是在元件定义语句中的端口名表中已定义好的元件端口的名字,连接端口名则是当前系统与准备接入的元件对应端口相连的通信端口,相当于插座上各插针的引脚名。

　　元件例化语句中所定义的元件的端口名与当前系统的连接端口名的接口表达有两种方式,一种是名字关联方式。在这种关联方式下,例化元件的端口名和关联(连接)符号" ⇒ "两者都是必须存在的。这时,端口名与连接端口名的对应式在 port map 句中的位置可以是任意的。

　　另一种是位置关联方式。若使用这种方式,端口名和关联连接符号都可省去,在 port map 子句中,只要列出当前系统中的连接端口名就行了,但要求连接端口名的排列方式与所需例化的元件端口定义中的端口名一一对应。

　　下面是一个元件例化的示例。

例程 3-18:

程序 1:

```
library IEEE;
use IEEE. STD_LOGIC_1164. ALL;
entiy nd2 is
        port (a, b:in std_logic;
                c:out std_logic);
end nd2;
architecture behave of nd2 is
begin
   y ⇐ a NAND b;
end behave;
```

程序 2:

```
library IEEE;
use IEEE. STD_LOGIC_1164. ALL;
entity ord41 is
        port (a1, b1, c1, d1:in std_logic;
                z1: out std_logic );
end ord41;
architecture behave of ord41 is
begin
component nd2
        port (a, b:in std_logic;
```

                 c：out std_logic）；

    end component ;

    signal x, y：std_logic;

    begin

           u1：nd2 port map（a1, b1,x）；   ——位置关联方式

           u2：nd2 port map（a ⇒ c1, c ⇒ y, b ⇒ d1 ）；——名字关联方式

           u3：nd2 port map（x, y, c ⇒ z1）；   ——混合关联方式

    end behave;

6. 生成语句

通过前面的讲述,已经知道在 VHDL 语言中可以通过元件例化语句来避免对元件描述程序的重复书写。其实,在 VHDL 语言中还有一种语句可以避免多段相同结构程序的重复书写,它就是生成语句,即 generate 语句。生成语句是一种可以建立重复结构或者是在多个模块的表示形式之间选择的语句。由于生成语句可以用来产生多个相同的结构,因此它适用于简单元件扩展相同结构或规则结构的更大的数字电路的描述,从而简化复杂系统的设计。

生成语句的语句格式有如下两种形式：

    ［标号：］for 循环变量 in 取值范围 generate

        说明

        begin

        并行语句

        end generate ［标号］；

    ［标号：］if 条件 generate

        说明

        begin

        并行语句

        end generate ［标号］；

这两种语句格式都是由如下四部分组成的。

（1）生成方式：有 for 语句结构或 if 语句结构,用于规定并行语句的复制方式。

（2）说明部分：这部分包括对元件数据类型、子程序、数据对象做一些局部说明。

（3）并行语句：生成语句结构中的并行语句是用来"copy"的基本单元,主要包括元件、进程语句、块语句、并行过程调用语句、并行信号赋值语句,甚至生成语句,这表示生成语句允许存在嵌套结构,因而可用于生成元件的多维阵列结构。

（4）标号：生成语句中的标号并不是必需的，但如果在嵌套式生成语句结构中就是十分重要的。

对于 for 语句结构，主要是用来描述设计中的一些有规律的单元结构，其生成参数及其取值范围的含义和运行方式与 loop 语句十分相似，但需注意，从软件运行的角度上看，for 语句格式中生成参数（循环变量）的递增方式具有顺序的性质，但从最后生成的设计结构却是完全并行的，这就是为什么必须用并行语句来作为生成设计单元的缘故[6]。

生成参数（循环变量）是自动产生的，它是一个局部变量，根据取值范围自动递增或递减。取值范围的语句格式与 loop 语句是相同的，有两种形式：

　　表达式 to 表达式；　　　　——递增方式，如 1 to 5
　　表达式 downto 表达式；　　——递减方式，如 5 downto 1

其中表达式必须是整数。

下面是采用 for 形式的生成语句来描述 4 位移位寄存器。

例程 3-19：

```
library IEEE;
use IEEE. STD_LOGIC_1164. ALL;
entity shift is
port（din：in std_logic;

       clk：in std_logic;
       dout：out std_logic）;
endshift;
architecture structure of shift is
        component dff
              port（d：in std_logic;
              clk：in std_logic;
                  q：out std_logic ）;
        end component;
        signal q：std_logic_vector（4 downto 0）;
        begin
        q（0）⇐ din;
        shift4：for in 0 to 3 generate
           dffx：dff port map（q（i），clk，q（i+1））;
      end generate shift4;
```

dout ⇐ q(4);

end structure;

　　不难看出,通过 for 形式的生成语句简化了 4 位移位寄存器的程序描述,随着移位寄存器的位数增加,for 形式生成语句的优越性会更明显。

　　对于 if 形式的生成语句需要注意的是,if 形式的生成语句在每次执行前都要检查保留字 if 后面的条件是否满足。该语句中的条件是一个布尔表达式,它的返回值为布尔类型。当布尔表达式的返回值为 true 时,程序就会去执行生成语句中的并行处理语句;当布尔表达式的返回值为 false 时,程序则不会执行生成语句中的并行处理语句。

3.5　有限状态机

3.5.1　状态机简介

　　有限状态机(Finite State Machine,FSM) 简称状态机,是表示有限个状态以及在这些状态之间的转移和动作等行为的数学模型。

　　状态机可归纳为 4 个要素,即现态、条件、动作、次态。“现态”和“条件”是因,“动作”和“次态”是果。详解如下:

　　(1)现态:是指当前所处的状态。

　　(2)条件:又称为“事件”。当一个条件被满足,将会触发一个动作,或者执行一次状态的迁移。

　　(3)动作:条件满足后执行的动作。动作执行完毕后,可以迁移到新的状态,也可以仍旧保持原状态。动作不是必需的,当条件满足后,也可以不执行任何动作,直接迁移到新状态。

　　(4)次态:条件满足后要迁往的新状态。“次态”是相对于“现态”而言的,“次态”一旦被激活,就 转变成新的“现态”了。

　　利用 VHDL 设计的许多实用逻辑系统中,有许多是可以利用有限状态机的设计方案来描述和实现的。无论与基于 VHDL 的其他设计方案相比,还是与可完成相似功能的 CPU 相比,状态机都有其难以逾越的优越性,它主要表现在以下几方面:

　　● 由于状态机的结构模式相对简单,设计方案相对固定,特别是可以定义符号化枚举类型的状态,这一切都为 VHDL 综合器尽可能发挥其强大的优化功能提供了有利条件。而且,性能良好的综合器都具备许多可控或不可控的专门用于优化状态机的功能。

　　● 状态机容易构成性能良好的同步时序逻辑模块,这对于对付大规模逻辑电路设计中令人深感棘手的竞争冒险现象无疑是一个上佳的选择,加之综合器对状态机的特有的优化功能,使得状态机解决方案的优越性更为突出。

- 状态机的 VHDL 设计程序层次分明,结构清晰,易读易懂,在排错,修改和模块移植方面,初学者特别容易掌握。

- 在高速运算和控制方面,状态机更有其巨大的优势。由于在 VHDL 中,一个状态机可以由多个进程构成,一个结构体中可以包含多个状态机,而一个单独的状态机(或多个并行运行的状态机)以顺序方式的所能完成的运算和控制方面的工作与一个 CPU 类似。由此不难理解,一个设计实体的功能便类似于一个含有并行运行的多 CPU 的高性能微处理器的功能[7]。事实上这种多 CPU 的微处理器早已在通信、工控和军事等领域有了十分广泛的应用。

- 就运行速度而言,尽管 CPU 和状态机都是按照时钟节拍以顺序时序方式工作的,但 CPU 是按照指令周期,以逐条执行指令的方式运行的;每执行一条指令,通常只能完成一项操作,而一个指令周期须由多个 CPU 机器周期构成,一个机器周期又由多个时钟周期构成;一个含有运算和控制的完整设计程序往往需要成百上千条指令。相比之下,状态机状态变换周期只有一个时钟周期,而且,由于在每一状态中,状态机可以完成许多并行的运算和控制操作,所以,一个完整的控制程序,即使由多个并行的状态机构成,其状态数也是十分有限的。因此有理由认为,由状态机构成的硬件系统比 CPU 所能完成同样功能的软件系统的工作速度要高出两个数量级。

- 就可靠性而言,状态机的优势也是十分明显的。CPU 本身的结构特点与执行软件指令的工作方式决定了任何 CPU 都不可能获得圆满的容错保障,这已是不争的事实了。因此,用于要求高可靠性的特殊环境中的电子系统中,如果以 CPU 作为主控部件,应是一项错误的决策。然而,状态机系统就不同了,首先是由于状态机的设计中能使用各种无懈可击的容错技术;其次是当状态机进入非法状态并从中跳出所耗的时间十分短暂,通常只有 2 个时钟周期,约数十个纳秒,尚不足以对系统的运行构成损害;而 CPU 通过复位方式从非法运行方式中恢复过来,耗时达数十毫秒,这对于高速高可靠系统显然是无法容忍的;再其次是状态机本身是以并行运行为主的纯硬件结构。

3.5.2　一般状态机的设计

VHDL 语言设计的状态机有多种形式:

- 从状态机的信号输出方式上分:摩尔型状态机(Moore)和米勒型状态机(Mealy)。

从输出时序上看,前者属于同步输出状态机,而后者属于异步输出状态机。

Moore 型状态机的输出仅为当前状态的函数,这类状态机在输入发生变化时还必须等待时钟的到来,时钟使状态发生变化后才导致输出的变化,所以比 Mealy 机要多等待一个时钟周期。

　　Mealy 型状态机的输出是当前状态和所有输入信号的函数,它的输出是在输入变化后立即发生,不依赖时钟的同步。

● 从结构上分:单进程状态机和多进程状态机。

● 从状态表达方式上分:符号化状态机和确定状态编码的状态机。

● 从编码方式上分:状态位直接输出型编码状态机、顺序编码状态机、格雷码编码状态机、一位热码编码状态机。

用 VHDL 设计的状态机的一般结构由以下几部分组成。

(1)说明部分:说明部分中有新数据类型 type 的定义及其状态类型(状态名),和在此新数据类型下定义的状态变量。状态类型一般用枚举类型,其中每一个状态名可任意选取。但为了便于辨认和含义明确,状态名最好有明显的解释性意义。状态变量应定义为信号,便于信息传递,说明部分一般放在 architecture 和 begin 之间,例如:

```
architecture…is
    type states is (st0, st1, st2, st3); ——定义新的数据类型和状态名
    signal current_state, next_state:states; ——定义状态变量
    …
    begin
    …;
```

(2)主控时序进程:状态机是随外部时钟信号,以同步时序方式工作的,因此,状态机中必须包含一个对工作时钟信号敏感的进程,作为状态机的"驱动泵"。当时钟发生有效跳变时,状态机的状态才发生变化。状态机的下一状态(包括再次进入本状态)仅仅取决于时钟信号的到来。一般地,主控时序进程不负责进入的下一状态的具体状态取值。当时钟的有效跳变到来时, 时序进程只是机械地将代表下一状态的信号(next_state)中的内容送入代表本状态的信号 (current_state)中,而信号 next_state 中的内容完全由其他的进程根据实际情况来决定,当然此进程中也可以放置一些同步或异步清零或置位方面的控制信号。总体来说,主控时序进程的设计比较固定,单一和简单。

(3)主控组合进程:主控组合进程的任务是根据外部输入的控制信号(包括来自状态机外部的信号和来自状态机内部其他非主控的组合或时序进程的信号),或(和)当前状态的状态值确定下一状态(next_state)的取向,即 next_state 的取值内容,以及确定对外输出或对内部其他组合或时序进程输出控制信号的内容。

(4)普通组合进程:用于配合状态机工作的其他组合进程,如为了完成某种算法的进程。

(5)普通时序进程:用于配合状态机工作的其他时序进程,如为了稳定输出设置的数据锁存器等。

一个状态机的最简结构应至少由两个进程构成(也有单进程状态机,但并不常用),即一个主控时序进程和一个主控组合进程。一个进程作"驱动泵",描述时序逻辑,包括状态寄存器的工作和寄存器状态的输出,另一个进程描述组合逻辑,包括进程间状态值的传递逻辑以及状态转换值的输出。当然,必要时还可以引入第 3 个和第 4 个进程,以完成其他的逻辑功能。

下面是一个两个主控进程构成的 Moore 状态机的例子。

例程 3-20:

```
library IEEE;
use IEEE. STD_LOGIC_1164. ALL;
entity s_machine is
        port ( clk , reset : in STD_LOGIC;
        state_inputs : in STD_LOGIC_VECTOR ( 1 downto 0 );
        comb_outputs : out integer range 0 to 15 );
end s_machine;
architecture behv of s_machine is
type FSM_ST is ( s0, s1, s2, s3);    ——数据类型定义,状态符号化
    signal current_state, next_state : FSM_ST;    ——将现态和次态定义为新的数据
类型
    begin
    reg : process ( reset , clk )    ——主控时序进程
    begin
    if reset = '1' then current_state ⇐ s0;    ——检测异步复位信号
            elsif clk = '1' and clk'event then
            current_state ⇐ next_state;
    end if;
end process;
com : process( current_state , state_inputs )——主控组合进程
    begin
    case current_state is
    when s0 ⇒ comb_outputs ⇐ 5;
    if state_inputs = "00" then next_state ⇐ s0;
    else next_state ⇐ s1;
    end if;
when s1 ⇒ comb_outputs ⇐ 8;
```

```
      if state_inputs = "00" then next_state <= s1;
            else next_state <= s2;
      end if;
   when s2 => comb_outputs <= 12;
      if state_inputs = "11" then next_state <= s0;
               else next_state <= s3;
      end if;
when s3 => comb_outputs <= 14;
   if state_inputs = "11" then next_state <= s3;
            else next_state <= s0;
   end if;
 end case;
end process;
 end behv;
```

下面是一个两个主控进程构成的 Mealy 状态机的例子。

例程 3-21：

```
library IEEE;
use IEEE. STD_LOGIC_1164. ALL;
entity s_machine is
        port ( clk, reset: in STD_LOGIC
            state_inputs: in STD_LOGIC_VECTOR ( 1 downto 0 );
            comb_outputs: out integer range 0 to 15 );
end s_machine;
architecture behv of s_machine is
        type FSM_ST is ( s0, s1, s2, s3 );
        signal current_state, next_state: FSM_ST;
begin
reg: process ( reset, clk )        ——主控时序进程
begin
   if reset = '1' then current_state <= s0;
        elsif clk = '1' and clk'EVENT then
              current_state <= next_state;
   end if;
end process;
```

```
com:process( current_state , state_inputs) ——主控组合进程
begin
case current_state is
        when s0 ⇒
                if state_inputs = "00" then
                    comb_outputs ⇐1; next_state ⇐s0;
                elsif state_inputs = "01" then
                    comb_outputs ⇐2; next_state ⇐s1;
                elsif state_inputs = "10" then
                    comb_outputs ⇐3; next_state ⇐s1;
                else
                    comb_outputs ⇐4; next_state ⇐s1;
                end if;
        when s1 ⇒
                if state_inputs = "00" then
                    comb_outputs ⇐5; next_state ⇐s1;
                elsif state_inputs = "01" then
                    comb_outputs ⇐6; next_state ⇐s2;
                elsif state_inputs = "10" then
                    comb_outputs ⇐7; next_state ⇐s2;
                else
                    comb_outputs ⇐8; next_state ⇐s2;
                end if;
        when s2 ⇒
                if state_inputs = "00" then
                    comb_outputs ⇐9; next_state ⇐s2;
                elsif state_inputs = "01" then
                    comb_outputs ⇐10; next_state ⇐s3;
                elsif state_inputs = "10" then
                    comb_outputs ⇐11; next_state ⇐s3;
                else
                    comb_outputs ⇐12; next_state ⇐s3;
                end if;
        when s3 ⇒
```

```
                    if state_inputs = "00" then
                         comb_outputs ⇐ 13; next_state ⇐ s3;
                    elsif state_inputs = "01" then
                         comb_outputs ⇐ 14; next_state ⇐ s0;
                    elsif state_inputs = "10" then
                         comb_outputs ⇐ 15;  next_state ⇐ s0;
                    else
                         comb_outputs ⇐ 16;  next_state ⇐ s0;
          end if;
          end case;
          end process;
          end behv;
```

3.5.3　状态机的状态编码

状态机的状态编码方式是多种多样的,这要根据实际情况来决定,影响编码方式选择的因素主要有状态机的速度要求、逻辑资源的利用率,系统运行的可靠性,以及程序的可读性等方面。编码方式主要有以下几种。

(1)状态位直接输出型编码

如表 3.1 所示。这类编码方式最典型的应用实例就是计数器。计数器本质上是一个主控时序进程与一个主控组合进程合二为一的状态机,它的输出就是各状态的状态码。

表 3.1　直接输出型编码

状态	状态编码					
	CS	A0	RC	LK1	LK2	功能说明
STATE0	1	1	1	0	0	初始态
STATE1	0	0	0	0	0	启动转换,若没得 STATUS = 0 时,转下一状态 STATE2
STATE2	0	0	1	0	0	使 AD574 输出转换好的低 8 位数据
STATE3	0	0	1	1	0	用 LK1 的上升沿锁存此低 8 位数据
STATE4	0	1	1	0	0	使 AD574 输出转换好的高 8 位数据
STATE5	0	1	1	0	1	用 LK2 的上升沿锁存此高 4 位数据

将状态编码直接输出作为控制信号,要求对状态机各状态的编码作特殊的选择,以适应控制时序的要求。表3.1 是一个用于设计控制 AD574 采样的状态机的状态编码表。

这个状态机由 6 个状态组成,从状态 STATE0 到 STATE5 各状态的编码分别为11100、00000、00100、00110、01100、01101。每一位的编码值都赋予了实际的控制功能,如最后两位的功能是分别产生锁存低 8 位数据和高 4 位数据的脉冲信号 LK1 和 LK2。在程序中的定义如下例。

例程 3-22:

```
library IEEE;
use IEEE. STD_LOGIC_1164. ALL;
entity AD574 is
        port ( d:in std_logic_vector( 11 downto 0);
              clk,status: in std_logic;
              cs,a0,rc,k128:out std_logic;
              lk1 lk2: out std_logic;
              q:out std_logic_vector( 11 downto 0));
end ad574;
architecture behav of ad574 is
signal crurrent_state,next_state:std_logic_vector(4 downto 0 );
constant state0:std_logic_vector(4 downto 0): = "11100";
constant state1:std_logic_vector(4 downto 0): = "00000";
constant state2:std_logic_vector(4 downto 0): = "00100";
constant state3:std_logic_vector(4 downto 0): = "00110";
constant state4:std_logic_vector(4 downto 0): = "01100";
constant state5:std_logic_vector(4 downto 0): = "01101";
signalregl:std_logic_vector( 11 downto 0);
signallock:std_logic;
begin
…
```

这种状态位直接输出型编码方式的状态机的优点是输出速度快,逻辑资源省,缺点是程序可读性差。

(2)顺序编码

这种编码方式最为简单,且使用的触发器数量最少,剩余的非法状态最少,容错技术最为简单。以上面的 6 状态机为例,只需 3 个触发器即可, 其状态编码方式可做如下改变：

```
    …
    signal crurrent_state,next_state:std_logic_vector(2 downto 0);
    constant st0:std_logic_vector(2 downto 0):="000";
    constant st1:std_logic_vector(2 downto 0):="001";
    constant st2:std_logic_vector(2 downto 0):="010";
    constant st3:std_logic_vector(2 downto 0):="011";
    constant st4:std_logic_vector(2 downto 0):="100";
    constant st5:std_logic_vector(2 downto 0):="101";
    …
```

这种顺序编码方式的缺点是,尽管节省了触发器,却增加了从一种状态向另一种状态转换的译码组合逻辑,这对于在触发器资源丰富而组合逻辑资源相对较少的 FPGA 器件中实现是不利的。此外,对于输出的控制信号 CS、A0、RC、LK1 和 LK2,还需要在状态机中再设置一个组合进程作为控制译码器。

（3）格雷码编码

格雷码编码方式是顺序编码方式的一种改进,它的特点是任一对相邻状态的编码中只有一个二进制位发生变化,这十分有利于状态译码组合逻辑的简化,提高综合后目标器件的资源利用率和运行速度。其编码方式类似于下面的程序。

```
    …
    signal crurrent_state,next_state:std_logic_vector(1 downto 0);
    constant st0:std_logic_vector(1 downto 0):="00";
    constant st1:std_logic_vector(1 downto 0):="01";
    constant st2:std_logic_vector(1 downto 0):="11";
    constant st3:std_logic_vector(1 downto 0):="10";
    …
```

（4）一位热码编码

一位热码编码方式就是用 n 个触发器来实现具有 n 个状态的状态机,状态机中的每一个状态都由其中一个触发器的状态表示。即当处于该状态时,对应的触发器为'1',其余的触发器都置'0'。例如,6 个状态的状态机需由 6 个触发器来表达,其对应状态编码如下表所示。一位热码编码方式尽管用了较多的触发器,但其简单的编码方式大为简化了状态译码逻辑,提高了状态转换速度,这对于含有较多的时序逻辑资源,较少的组合逻辑资源的 FPGA,CPLD 可编程器件,在状态机设计中,一位热码编码方式应是一个好的解决方案。此外,许多面向 FPGA/CPLD 设计的 VHDL 综合器都有将符号状态自动优化设置成为一位热码编码状态的功能,或是设置了一位热码编码方式选择开关,如表 3.2 所示。

表 3.2　一位热码编码

状态	一位热码编码	顺序编码
STATE0	100000	000
STATE1	010000	001
STATE2	001000	010
STATE3	000100	011
STATE4	000010	100
STATE5	000001	101

3.5.4　状态机剩余状态处理

在状态机设计中,使用枚举类型或直接指定状态编码的程序中,特别是使用了一位热码编码方式后,总是不可避免地出现剩余状态,即未被定义的编码组合,这些状态在状态机的正常运行中是不需要出现的,通常称为非法状态。在状态机的设计中,如果没有对这些非法状态进行合理的处理,在外界不确定的干扰下,或是随机上电的初始启动后,状态机都有可能进入不可预测的非法状态,其后果或是对外界出现短暂失控,或是完全无法摆脱非法状态而失去正常的功能。因此,状态机的剩余状态的处理,即状态机系统容错技术的应用是设计者必须慎重考虑的问题。

但另一方面,剩余状态的处理要不同程度地耗用逻辑资源,这就要求设计者在选用何种状态机结构、何种状态编码方式、何种容错技术及系统的工作速度与资源利用率方面作权衡比较,以适应自己的设计要求。

假设程序共定义了 6 个合法状态(有效状态):st0、st1、st2、st3、st4、st5。如果使用顺序编码方式指定各状态,则需 3 个触发器。这样最多有 8 种可能的状态,编码方式如表 3.3 所示,最后 2 个编码都定义为可能的非法状态。如果要使此 6 状态的状态机有可靠的工作性能,必须设法使系统落入这些非法状态后还能迅速返回正常的状态转移路径中。方法是在枚举类型定义中就将这些多余状态做出定义,并在以后的语句中加以处理。

表 3.3　顺序编码方式

状态	顺序编码
st0	000
st1	001
st2	010

状态	顺序编码
st3	011
st4	100
st5	101
undefined1	110
undefined1	111

处理方法如下例所示:

```
…
type  states  is  ( st0, st1, st2, st3, undefined1, undefined2, undefined3
undefined4 );
signal current_state, next_state:states;
…
com:process( current_state, state_Inputs)——组合逻辑进程
    begin
    case current_state is ——确定当前状态的状态值
    …
    when others ⇒ next_state ⇐ st0;
    end case;
```

对于剩余状态可以如程序所示那样用 others 语句做统一处理,也可以分别处理每一个剩余状态的转向,而且剩余状态的转向不一定都指向初始态 st0,也可以被导向专门用于处理出错恢复的状态中。

如果采用一位热码编码方式来设计状态机,其剩余状态数将随有效状态数的增加呈指数方式剧增。对于以上 6 状态的状态机来说,将有 58 种剩余状态,总状态数达 64 个。即对于有 n 个合法状态的状态机,其合法与非法状态之和的最大可能状态数有 m = 2n 个。

如前所述,选用一位热码编码方式的重要目的之一,就是要减少状态转换间的译码组合逻辑资源,但如果使用以上介绍的剩余状态处理方法,势必导致耗用更多的逻辑资源。所以,必须用其他的方法对付一位热码编码方式产生的过多的剩余状态的问题。

鉴于一位热码编码方式的特点,正常的状态只可能有 1 个触发器为'1',其余所有的触发器皆为'0'. 即任何多于 1 个触发器为'1'的状态都属于非法状态。据此,可以在状态机设计程序中加入对状态编码中'1'的个数是否大于一的判断逻辑,当发现有多个状态触发器为'1'时,产生一个告警信号"alarm",系统可根据此信号是否有效来

决定是否调整状态转向或复位。

3.6 本章小结

在 VHDL 语言中,通常把用来保存数据的一些单元成为对象。在 VHDL 语言中,对象包括 4 类:常量(constant)、信号(signal)、变量(variable)和文件(file)。其中,常量就是指在设计实体中不会发生变化的对象;信号是一种实体间动态交换数据的手段,用信号对象可以把实体连接在一起形成模块;变量主要用于对于暂时数据进行局部存储,它是一个局部变量,只能在进程语句、过程语句和函数语句的说明部分中加以说明;文件是一种传输大量数据的载体,它包含一些专门类型的数值。

在 VHDL 语言中,信号和变量的区别主要体现在赋值语句上。对于信号赋值语句,信号赋值语句的执行和信号值的更新之间具有一定的延迟;对于变量赋值语句来说,变量赋值语句的执行和变量值的更新之间没有延迟。

一般来说,VHDL 语言中的数据类型按照其产生的来源可以分为两大类:标准定义的数据类型和用户定义的数据类型。标准定义的数据类型主要包括位和位矢量、布尔量、字符和字符串、整数、自然数、正整数、实数、时间和错误等级;用户定义的数据类型主要包括可枚举类型、物理类型、数组类型、记录类型和子类型。

VHDL 语言与其他软件高级程序语言十分相似,具有丰富的运算符,以满足不同描述功能的需要。在 VHDL 程序中,所有的表达式都是由运算符将基本元素连接起来组成的。VHDL 中有 4 种运算符:逻辑运算符、算术运算符、关系运算符和并置运算符。需要注意的是,运算符所操作的对象的数据类型必须与运算符所要求的数据类型保持一致。

在一个设计实体中,它通常包括库(library)、程序包(package)、实体说明(entity declaration)、结构体(architecture body)和配置(configuration)5 个部分。其中,库主要用来存放已经编译过的实体说明、结构体、程序包和配置;程序包主要用来存放各个设计实体都能共享的数据类型、子程序说明、属性说明和原件说明等部分;实体说明主要用来描述的是一个设计的外貌,即对外的输入输出接口及一些用于结构体的参数定义;结构体主要用来描述设计的行为和结构,即用来描述设计实体的具体功能;配置主要用来为实体说明配置不同的结构体或者从库中选取所需要的模块来完成硬件电路设计的描述。

在 VHDL 语言中,实体说明主要包括 3 个部分:类属参数说明、端口说明和实体说明部分。其中,类属参数说明主要用来为设计实体指定参数,如用来定义端口宽度、器件延迟时间等参数;端口说明描述的是设计实体与外部的接口,具体来说就是对端口名、数据类型和模式的描述;实体说明部分是用来说明设计实体接口中的公共信息。

在 VHDL 语言中,结构体主要包括 3 个部分:结构体名、结构体说明部分和并行处理语句。其中,结构体名是对本结构体的命名,它是该结构体的唯一标识;结构体说明部分用来对结构体内部使用的信号、常数、数据类型和函数等进行定义;并行处理语句用来描述结构体的行为和连接关系。

结构体的 3 种描述方式:行为描述方式、寄存器传输描述方式和结构描述方式,分别对应的结构体名为 behave、rtl 和 structure。一般来说,结构体的行为描述方式最为抽象;结构体的寄存器传输描述方式比较直观;结构体的结构描述方式体现了层次化的设计思想。通常,设计人员也会采用混合描述方式,它是上面 3 种描述方式的任意组合。这样设计人员就可以充分发挥 3 种描述方式的优点,快速高效地完成设计任务。

按照 VHDL 语言程序中语句的执行顺序,可以将描述语句分为两大类:顺序描述语句和并行描述语句。其中,顺序描述语句是指语句的执行顺序是按照语句的书写顺序来进行的;并行描述语句是指语句的执行顺序与语句的书写顺序无关,所有语句都是并发执行的。

VHDL 语言中的赋值语句分为两大类:信号赋值语句和变量赋值语句。信号赋值语句的执行和信号值的更新之间有延迟,只有延迟过后信号才能得到心智,否则保持原值;变量赋值语句的执行和变量值的更新之间没有延迟,变量在赋值语句执行后立即得到新值。VHDL 语言程序中的敏感信号激励是通过 wait 语句来实现的,它有3 种常用形式:wait on 语句、wait nutil 语句和 wait for 语句。需要注意的是,如果进程中已经含有敏感信号表,那么进程中就不能再使用 wait 语句;如果进程中已经含有wait 语句,那么进程中不能再含有敏感信号表,否则编译将给出错误信息。

在 VHDL 语言中,主要的流程控制语句包括 if 语句、case 语句和 loop 语句 3 种。其中 if 语句根据给出的条件及其条件是否成立的结果来决定语句的执行顺序;case语句根据表达式的值来决定具体需要执行哪一条语句;loop 语句是使 vhdl 语言程序进行有规则的循环操作,具体循环的次数收到迭代算法的限制。

由于硬件描述语言所描述的实际数字系统中许多操作是并行的,所以在对数字系统进行仿真时,这些系统中的元件在定义的仿真时刻也应该是并行工作的。并行描述语句正是用来描述这种行为的,而且并行描述语句在 VHDL 语言程序中应用是十分广泛的。

在 VHDL 语言的基本描述语句中,进程语句是设计人员使用最为频繁的语句之一。进程语句的综合包括以下两个问题:

- 综合后的进程是用组合逻辑电路还是用时序逻辑电路来实现?
- 进程中的对象是否有必要用寄存器、触发器、锁存器或是 RAM 等存储器件来实现?

VHDL 语言中的信号赋值语句有两种类型:一种是在结构体中的进程语句内部使用,作为一种顺序描述语句出现;另外一种是在结构体中的进程语句之外使用,作为一种并行描述语句出现,因此称之为并行信号赋值语句。

在实际设计过程中,VHDL 语言提供了 3 种并行信号赋值语句:并发信号赋值语句、条件信号赋值语句和选择信号赋值语句。其中,信号赋值语句在结构体的进程之外出现时,它将作为一种并发语句的形式出现,称之为并发信号赋值语句;条件信号赋值语句也是一种并行描述语句,它是一种根据不同条件将不同的表达式赋给目标信号的语句;选择信号赋值语句同样也是一种并行描述语句,它是一种根据选择条件的不同而将不同的表达式赋给目标信号的语句。

参数传递语句的主要功能是传递信息给设计实体的某个具体元件,如定义端口宽度、器件延迟时间等参数并将这些参数传递给设计实体。在编写 VHDL 语言程序的过程中,参数传递语句的定义说明通常放在实体说明部分;参数传递语句的实现语句——generic map 语句,则放在设计实体的结构体中。

在 VHDL 语言中,引用元件或者模块的说明采用 component 语句,它的作用就是在结构体的说明部分说明引用的元件或者模块;为了把引用的元件正确的嵌入到高一层的结构体描述中,就必须把被引用的元件端口信号与结构体中的相应端口信号正确的连接起来,这时需要使用元件例话语句。

在数字电路中,根据其逻辑功能的不同和特点,可以把数字电路分为两种:一种是组合逻辑电路,另一种是时序逻辑电路。所谓组合逻辑电路就是指数字电路在任何时刻的输出仅仅取决于该时刻数字电路的输入,而与电路原来的状态无关。一般来说,常见的组合电路主要包括基本门电路、编码器、译码器、选择器、分配器和运算器等。所谓时序逻辑电路是指数字电路在任何时刻的输出不仅取决于当时的输入信号,而且取决于电路原来的状态。由于时序逻辑电路具有"记忆"功能,因此它在数字系统中应用十分广泛。一般来说,常见的时序逻辑电路主要包括各种触发器、寄存器、移位寄存器和计数器等。

第 4 章　Virtex-6 系列 FPGA 产品介绍及其开发

4.1　器件具体参数

4.1.1　器件的硬件资源

硬件资源是器件选型的重要标准。硬件资源包括逻辑资源、I/O 资源、布线资源、DSP 资源、存储器资源、锁相环资源、串行收发器资源和硬核微处理器资源等。

逻辑资源和 I/O 资源的需求是每位设计人员最关心的问题,一般都会考虑到。可是,过度消耗 I/O 资源和布线资源可能产生的问题却很容易被忽视。主流 FPGA 器件中,逻辑资源都比较丰富,一般可以满足应用需求。可是,在比较复杂的数字系统中,过度 I/O 资源的消耗可能会导致两个问题:FPGA 负荷过重,器件发热严重,严重影响器件的速度性能、工作稳定性和寿命,设计中要考虑器件的散热问题;局部布线资源不足,电路的运行速度明显降低,有时甚至使设计不能适配器件,设计失败。根据应用经验:

(1)在做复杂数字信号处理时,位数比较高的乘法器和除法器对全局布线资源的消耗量比较大;

(2)在做逻辑设计时,双向 I/O 口对局部布线资源的消耗量比较大;

(3)在利用存储器资源设计滤波器的应用场合,局部布线资源的消耗量比较大;

(4)在电气接口标准比较多,而逻辑比较复杂的应用场合,局部布线资源的消耗量比较大。

4.1.2　电气接口标准

目前,数字电路的电气接口标准非常多。在复杂数字系统中,经常会出现多种电气接口标准。目前,主流 FPGA 器件支持的电气接口标准有:1.5 V,1.8 V 等,可以满足绝大部分应用设计需求。

Xilinx(赛灵思)公司的 FPGA 几乎所有的管脚都支持 SSTL-2 Class Ⅱ 电气接口标准,此时选用赛灵思公司的 FPGA 是比较理想的。

4.1.3　器件的速度等级

关于器件速度等级的选型,一个基本的原则是:在满足应用需求的情况下,尽量选用速度等级低的器件。

该选型原则有如下好处:

(1)由于传输线效应,速度等级高的器件更容易产生信号反射,设计要在信号的完整性上花更多的精力;

(2)速度等级高的器件一般用得比较少,价格经常是成倍增加,而且高速器件的供货渠道一般比较少,器件的订货周期一般都比较长,经常会延误产品的研发周期,降低产品的上市率。

4.1.4　器件的温度等级

某些应用场合,对器件的环境温度适应能力提出了很高的要求,此时,就应该在有工业级甚至是军品级或宇航级的器件中进行选型。据调研,Altera 公司每种型号的 FPGA 都有工业级产品;Xilinx 公司每种型号的 FPGA 都有工业级产品,部分型号的 FPGA 提供军品级和宇航级产品。

如果设计主要面向军用或航天应用,最好选用 Actel 公司的器件,该公司的器件主要面向这些用户。

4.1.5　器件的封装

目前,主流器件的封装形式有:QFP,BGA 和 FB-GA,BGA 和 FBGA 封装器件的管脚密度非常高,设计中必须使用多层板,PCB 布线相当复杂,设计成本比较高,器件焊接成本比较高,因此,设计中能不用尽量不用。不过,在密度非常高,集成度非常高和对 PCB 板体积要求比较高的应用场合,尽量选用 BGA 和 FBGA 封装器件。

还有一种情况,在电路速度非常高的应用场合,最好选用 BGA 和 FBGA 封装器件,这两种封装器件由于器件管脚引线电感和分布电容比较小,有利于高速电路的设计。

4.1.6　Virtex-6 系列 FPGA 的相关参数

1. 综合叙述

Virtex-6 FPGA 系列使用的是第三代 Xilinx ASMBL™架构,采用 40 nm 工艺构建,新一代的开发工具和众多 IP 库均支持该系列,从而确保高效开发和前几代设计的有效迁移。相比竞争对手的 FPGA 产品,这些新器件可以在 1.0 V 的核心电压下工作,并且提供有 0.9 V 低功耗选项,因而提供的性能更高而功耗更低。

Virtex-6 FPGA 是针对需要低功耗、高速联网能力和强大计算能力应用的可编程基础平台。Virtex-6 产品系列基于 40 nm 架构,采用高速串行收发器和功耗降低技术,是 Xilinx 公司和其选择的第三方供应商在各种应用市场为系统开发人员和设计师进行工具和 IP 资源开发的基础平台。这些应用市场涵盖通信、音/视频与广播、工业、测试测量、医疗和军事等领域。

Virtex-6 FPGA 为高性能系统设计师们提供了史无前例的逻辑水平、DSP 和连接性能。该器件的 11.2 Gaps 收发器,帮助 40G 和 100G 有线通信设备开发人员满足现有数据中心的功率和冷却面积对高带宽的需求,同时其功耗降低技术可帮助“绿色”基站的构建者为网络运营商提供显著降低 OPEX 和碳排放的能力。Virtex-6 FPGA 还使音/视频广播行业能够获取更佳的图像质量,支持更多的视频流,同时降低每信道的功耗和成本。在航空航天和国防行业中,Virtex-6 FPGA 能够满足实施高性能计算和软件定义无线电应用的需求。

2. Virtex-6 FPGA 特征综述

Virtex-6 系列 FPGA 综合参数如表 4.1 所示。
Virtex-6 系列 FPGA I/O 参数如表 4.2 所示。

4.2　FPGA 相关电路设计知识

4.2.1　配置电路

FPGA 的相关电路主要就是 FPGA 的配置电路,其余的应用电路只要将外围芯片连接到 FPGA 的通用 I/O 管脚上即可。

表 4.1　Virtex-6 系列 FPGA 综合参数

型号	Virtex-6 SLICE	DSP48E Slice	块 RAM 容量(kb)	以太网 MAC	PCI-E 硬核	Rocket I/O	I/O bank 数目	最大可用 I/O 数
XC6VLX75T	11640	288	5616	4	1	12	9	360
XC6VLX130T	20000	480	9504	4	2	20	15	600
XC6VLX195T	31200	640	12384	4	2	20	15	600
XC6VLX240T	37680	768	14976	4	2	24	18	720
XC6VLX365T	56880	576	14976	4	2	24	18	720
XC6VLX550T	85920	864	22752	4	2	36	30	1200
XC6VLX760	118560	864	25920	0	0	0	30	1200
XC6VSX315T	49200	1344	25344	4	2	24	18	720
XC6VSX475T	74400	2016	38304	4	2	36	21	840
XC6VHX250T	39360	576	18144	4	4	48	8	320
XC6VHX255T	39360	576	18576	2	2	24	12	480
XC6VHX380T	59760	864	27648	4	4	48	18	720
XC6VHX565T	88560	864	32832	4	4	48	18	720

表 4.2　Virtex-6 系列 FPGA I/O 参数

封装	FF484 FFg484		FF784 FFg784		FF1156 FFg1156		FF1759 FFG1759		FF1760 FFG1760	
尺寸(mm)	23×23		29×29		35×35		42.5×42.5		42.5×42.5	
芯片型号	GTXs	I/O	GTXs	I/O	GTXs	I/O	GTXs	I/O	GTXs	I/O
XC6VLX75T	8	240	12	360						
XC6VLX130T	8	240	12	400	20	600				
XC6VLX195T			12	400	20	600				
XC6VLX240T			12	400	20	600	24	720		
XC6VLX385T					20	600	24	720		
XC6VLX550T							36	840	0	1200
XC6VLX760										1200
XC6VSX315T					20	600	24	720		
XC6VSX475T					20	600	36	840		

FPGA 配置方式灵活多样,根据芯片是否能够自己主动加载配置数据分为主模

式、从模式以及 JTAG 模式。典型的主模式都是加载片外非易失(断电不丢数据)性存储器中的配置比特流,配置所需的时钟信号(称为 CCLK)由 FPGA 内部产生,且 FPGA 控制整个配置过程。从模式需要外部的主智能终端(如处理器、微控制器或者 DSP 等)将数据下载到 FPGA 中,其最大的优点就是 FPGA 的配置数据可以放在系统的任何存储部位,包括 Flash、硬盘、网络,甚至在其余处理器的运行代码中。JTAG 模式为调试模式,可将 PC 中的比特文件流下载到 FPGA 中,断电即丢失。此外,目前赛灵思还有基于 Internet 的、成熟的可重构逻辑技术 System ACE 解决方案。

(1)主模式

在主模式下,FPGA 上电后,自动将配置数据从相应的外存储器读入到 SRAM 中,实现内部结构映射;主模式根据比特流的位宽又可以分为:串行模式(单比特流)和并行模式(字节宽度比特流)两大类。如:主串行模式、主 SPI Flash 串行模式、内部主 SPI Flash 串行模式、主 BPI 并行模式以及主并行模式。

(2)从模式

在从模式下,FPGA 作为从属器件,由相应的控制电路或微处理器提供配置所需的时序,实现配置数据的下载。从模式也根据比特流的位宽不同分为串、并模式两类,具体包括从串行模式、JTAG 模式和从并行模式三大类。

(3)JTAG 模式

在 JTAG 模式中,PC 和 FPGA 通信的时钟为 JTAG 接口的 TCLK,数据直接从 TDI 进入 FPGA,完成相应功能的配置。

目前,主流的 FPGA 芯片都支持各类常用的主、从配置模式以及 JTAG,以减少配置电路失配性对整体系统的影响。在主配置模式中,FPGA 自己产生时钟,并从外部存储器中加载配置数据,其位宽可以为单比特或者字节;在从模式中,外部的处理器通过同步串行接口,按照比特或字节宽度将配置数据送入 FPGA 芯片。此外,多片 FPGA 可以通过 JTAG 菊花链的形式共享同一块外部存储器,同样一片或多片 FPGA 也可以从多片外部存储器中读取配置数据以及用户自定义数据[8]。

Xilinx FPGA 的常用配置模式有 5 类:主串模式、从串模式、Select MAP 模式、Desktop 配置和直接 SPI 配置。

在从串配置中,FPGA 接收来自于外部 PROM 或其他器件的配置比特数据,在 FPGA 产生的时钟 CCLK 的作用下完成配置,多个 FPGA 可以形成菊花链,从同一配置源中获取数据。Select MAP 模式中配置数据是并行的,是速度最快的配置模式。SPI 配置主要在具有 SPI 接口的 FLASH 电路中使用。下面以 Spartan-3E 系列芯片为例,给出各种模式的配置电路。

4.2.2　主串模式——最常用的 FPGA 配置模式

1. 配置单片 FPGA

在主串模式下,由 FPGA 的 CCLK 管脚给 PROM 提供工作时钟,相应的 PROM 在 CCLK 的上升沿将数据从 D0 管脚送到 FPGA 的 DIN 管脚。无论 PROM 芯片是什么类型(即使其支持并行配置),都只利用其串行配置功能。

Spartan3E 系列 FPGA 的单片主串配置电路如图 4.1 所示。

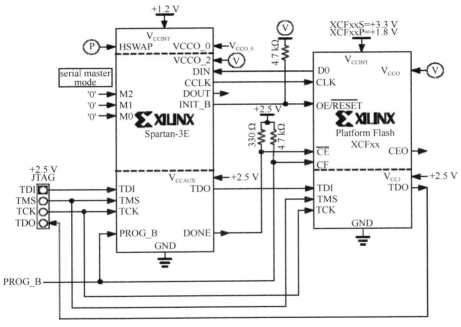

图 4.1　Spartan3E 系列 FPGA 的单片主串配置电路

主串模式是赛灵思公司各种配置方式中最简单,也最常用的方式,基本所有的可编程芯片都支持主串模式。

2. 配置电路的关键点

主串配置电路最关键的 3 点就是 JTAG 链的完整性、电源电压的设置以及 CCLK 信号的考虑。只要这 3 步任何一个环节出现问题,都不能正确配置 PROM 芯片。

(1)JTAG 链的完整性

FPGA 和 PROM 芯片都有自身的 JTAG 接口电路,所谓的 JTAG 链完整性指的是将 JTAG 连接器、FPGA、PROM 的 TMS、TCK 连在一起,保证从 JTAG 连接器 TDI 到其 TDO 之间,形成 JTAG 连接器的"TDI →(TDI ～ TDO)→(TDI ～ TDO)→ JTAG 连接器 TDO"的闭合回路,其中(TDI ～ TDO)为 FPGA 或者 PROM 芯片自身的一对输入、输出管脚。图 4.2 中配置电路的 JTAG 链从连接器的 TDI 到 FPGA 的 TDI,再从 FPGA 的 TDO 到 PROM 的 TDI,最后从 PROM 的 TDO 到连接器的 TDO,形成了完整的 JTAG 链,FPGA 芯片被称为链首芯片。也可以根据需要调换 FPGA 和 PROM 的位置,使 PROM 成为链首芯片。

（2）电源适配性

如图 4.2 所示,由于 FPGA 和 PROM 要完成数据通信,二者的接口电平必须一致,即 FPGA 相应分组的管脚电压 Vcco_2 必须和 PROM Vice 的输入电压大小一致,且理想值为 2.5 V,这是由于 FPGA 的 PROG_B 和 DONE 管脚由 2.5 V 的 Vacuum 供电。此外,由于 JTAG 连接器的电压也由 2.5 V 的 Vacuum 提供,因此 PROM 的 VCCJ 也必须为 2.5 V。因此,如果接口电压和参考电压不同,在配置阶段需要将相应分组的管脚电压和参考电压设置为一致;在配置完成后,再将其切换到用户所需的工作电

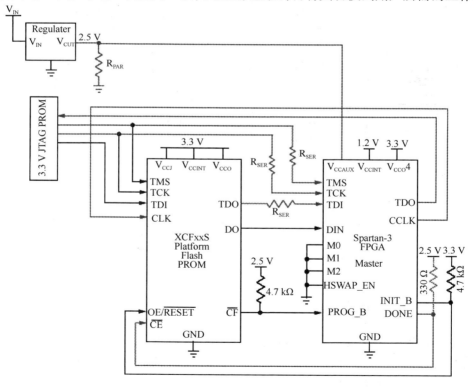

图 4.2   电源配置图

压。当然,FPGA 和 PROM 也可以自适应 3.3 V 的 I/O 电平以及 JTAG 电平,但需要进行一定的改动,即添加几个外部限流电阻。在主串模式下,XCFxxS 系列 PROM 的核电压必须为 3.3 V,XCFxxP 系列 PROM 的核电压必须为 1.8 V。

图 4.2 中的 R_{SER}、R_{PAR} 这两个电阻要特别注意。首先,$R_{ser} = 68\ \Omega$ 将流入每个输入的电流限制到 9.5 mA;其次,N $= 3$ 三个输入的二极管导通。

$R_{PAR} = V_{CCAUXmin}/(N \times I_{IN}) = 2.375\ V/(3 \times 9.5\ mA)$。

（3）CCLK 的信号完整性

CCLK 信号是 JTAG 配置数据传输的时钟信号,其信号完整性非常关键。FPGA 配置电路刚开始以最低时钟工作,如果没有特别指定,将逐渐提高频率。

3. 配置多片 FPGA

多片 FPGA 的配置电路和单片的类似,但是多片 FPGA 之间有主（master）、从（slave）之分,且需要选择不同的配置模式。两片 Spartan 3E 系列 FPGA 的典型配置电路如图 4.3 所示,两片 FPGA 存在主、从地位之分。

4.2.3　SPI 串行 Flash 配置模式

1. SPI 串行配置介绍

串行 Flash 的特点是占用管脚比较少,作为系统的数据存储非常合适,一般都是采用串行外设接口（SPI 总线接口）。Flash 存储器与 EEPROM 根本不同的特征就是 EEPROM 可以按字节进行数据的改写,而 Flash 只能先擦除一个区间,然后改写其内容。一般情况下,这个擦除区间叫作扇区（sector）,也有部分厂家引入了页面（page）的概念。选择 Flash 产品时,最小擦除区间是比较重要的指标。在写入 Flash 时,如果写入的数据不能正好是一个最小擦除区间的尺寸,就需要把整个区间的数据全部保存到另外一个存储空间,擦除这个空间,才能重新对这个区间改写。大多数 Flash 工艺更容易实现较大的擦除区间,因此较小擦除区间的 Flash 其价格一般会稍贵一些。此外,SPI 是标准的 4 线同步串行双向总线,提供控制器和外设之间的串行通信数据链路,广泛应用于嵌入式设备中。

赛灵思公司的新款 FPGA 都支持 SPI 接口。SPI 总线通过 4 根信号线来完成主、从之间的通信,典型的 SPI 系统常包含一个主设备以及至少一个从设备,在 FPGA 应用场合中,FPGA 芯片为主设备,SPI 串行 Flash 为从设备。

FPGA 通过 SCLK 控制双方通信的时序,在 SS_n 为低时,FPGA 通过 MOSI 信号线将数据传送到 Flash,在同一个时钟周期中,Flash 通过 SOMI 将数据传输到 FPGA

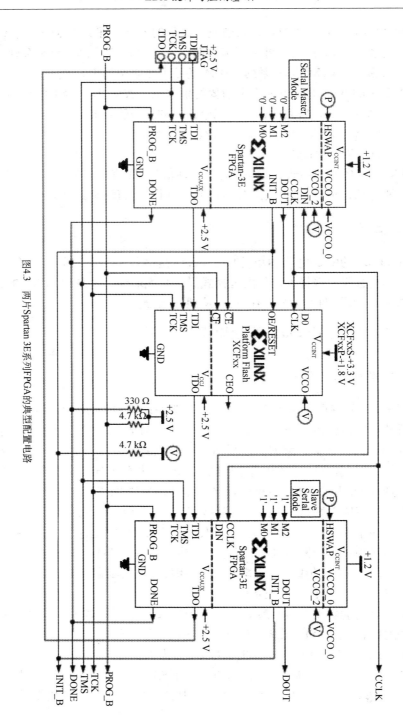

图4.3　两片Spartan 3E系列FPGA的典型配置电路

芯片。无论主、从设备,数据都是在时钟电平跳转时输出,并在下一个相反的电平跳转沿,送入另外一个芯片。

其中 SCLK 信号支持不同的速率,一般常采用 20 MHz。通过 SPI 接口中的 CPOL 和 CPHA 这两个比特定义了 4 种通信时序。其中,CPOL 信号定义了 SCLK 的空闲状态,当 CPOL 为低时,SCLK 的低电平为空闲状态,否则其空闲状态为高电平;CPHA 定义了数据有效的上升沿位置,当其为低时,数据在第 1 个电平跳转沿有效,否则数据在第二个电平跳转沿有效。其相应的时序逻辑如图 4.4 所示。

可以通过增加片选信号 SS_n 的位宽来支持多个从设备,SS_n 的位宽等于从设备的个数。对于某时刻被选中的从设备和主设备而言,其读写时序逻辑和图 4.5 一样。

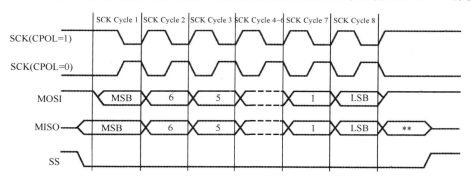

图 4.4　时序逻辑图

SPI 串行 Flash 作为一种新兴的高性能非易失性存储器,其有效读写次数高达百万次,不仅引脚数量少、封装小、容量大,可以节约电路板空间,还能够降低功耗和噪声。从功能上看,可以用于代码存储以及大容量的数据和语音存储,对于以读为主,仅有少量擦写和写入时间的应用来说,支持分区(多页)擦除和页写入的串行存储是最佳方案。

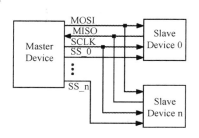

图 4.5　增加片选信号 SS_n 方框图

2. SPI 串行 Flash 配置电路

SPI 串行配置模式常用于已采用了 SPI 串行 Flash PROM 的系统,在上电时将配置数据加载到 FPGA 中,这一过程只需向 SPI 串行发送一个 4 字节的指令,其后串行 Flash 中的数据就像 PROM 配置方式一样连续加载到 FPGA 中。

一旦配置完成,SPI 中的额外存储空间还能用于其他应用目的。

虽然 SPI 接口是标准的 4 线接口,但不同的 SPI Flash PROM 芯片采用了不同的指令协议。FPGA 芯片通过变量选择信号 VS[2:0] 来定义 FPGA 和 SPI Flash 的通信方式、FPGA 的读指令以及在有效接收数据前插入的冗余比特数。

从整体上看来,控制 SPI 串行闪存比较容易,只需要使用简单的指令就能完成读取、擦除、编程、写使能/禁止以及其他功能。所有的指令都是通过 4 个 SPI 引脚串行移位输入的。

不同型号的 FPGA 芯片具有数目不同的从设备片选信号,因此所挂的串行芯片数目也就不一样。例如:Spartan-3E 系列 FPGA 芯片只有 1 位 SPI 从设备片选信号,因此只能外挂一片 SPI 串行 Flash 芯片。在 SPI 串行 Flash 配置模式下,M[2:0] = 001。FPGA 上电后,通过外部 SPI 串行 Flash PROM 完成配置,配置时钟信号由 FP-GA 芯片提供时钟信号,支持两类业界常用的 Flash。

图 4.6 给出了 Spartan3E 系列 FPGA 支持 0X0B 快速读写指令的 STMicro 25 系列 PROM 的典型配置电路。其中的 Flash 芯片需要 Flash 编程器来加载配置数据;单

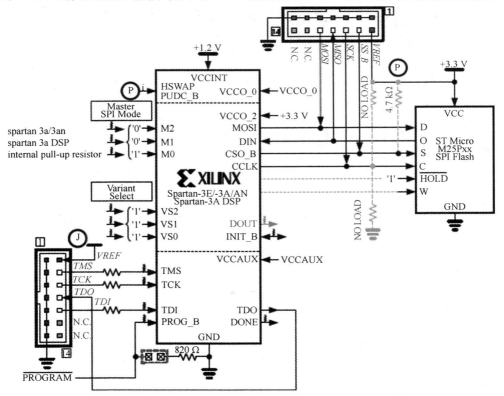

图 4.6　STMicro25 系列 PROM 的典型配置电路

片的 FPGA 芯片构成了完整的 JTAG 链,仅用来测试芯片状态,以及支持 JTAG 在线调试模式,与 SPI 配置模式没有关系。

从中可以看出,SPI Flash 容量大,适合于大规模设计场合。但由于 SPI 配置需要专门的 Flash 编程器,且操作起来比较麻烦,不适合在产品研发阶段调试 FPGA 芯片,因此一般还会添加 JTAG 链专门用于在线调试。

图 4.7 给出了 Spartan3E 系列 FPGA 支持 SPI 协议的 Atmel 公司"C"、"D"系列串行 Flash 芯片的典型配置电路。这两个系列的 Flash 芯片可以工作在很低温度,具有短的时钟建立时间。同样,单片的 FPGA 芯片构成了完整的 JTAG 链,仅用来测试芯片状态,以及支持 JTAG 在线调试模式,与 SPI 配置模式没有关系。

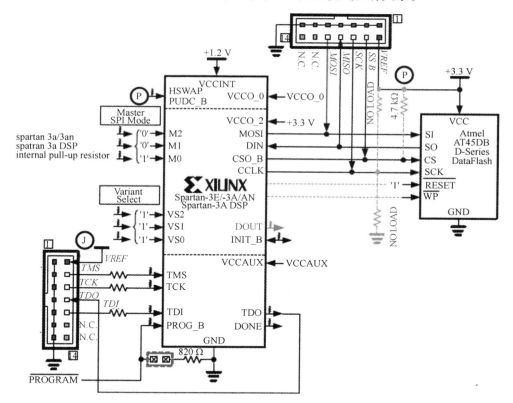

图 4.7　Atmel 公司串行 Flash 芯片的典型配置电路

4.2.4　从串配置模式

在串行模式下,需要微处理器或微控制器等外部主机通过同步串行接口将配置数据串行写入 FPGA 芯片,其模式选择信号 M[2:0]=111。DIN 输入管脚的串行配置数据需要在外部时钟 CCLK 信号前有足够的建立时间。

其中单片 FPGA 芯片构成了完整的 JTAG 链,仅用来测试芯片状态,以及支持 JTAG 在线调试模式,与从串配置模式没有关系。外部主机通过下拉 PROG_B 启动配置并检测 INIT_B 电平,当 INIT_B 为高时,表明 FPGA 做好准备,开始接收数据。此时,主机开始提供数据和时钟信号直到 FPGA 配置完毕且 DONE 管脚为高,或者 INIT_B 变低表明发生配置错误才停止。整个过程需要比配置文件大小更多的时钟周期,这是由于部分时钟用于时序建立,特别当 FPGA 被配置为等待 DCM 锁存其时钟输入。

此外,从串配置模式也可配置多片 FPGA 芯片,典型的两片 Spartan 3E 系列 FPGA 的从串配置电路如图 4.8 所示。所有芯片的 CCLK 信号都有主控设备提供,靠近主控设备的 FPGA 要充当桥梁的作用,将配置数据转发到第二个 FPGA 芯片。可以看到采用从串配置的好处主要在于节省电路板面积,并使得系统具备更大的灵活性。

4.2.5　JTAG 配置模式

JTAG 配置电路:赛灵思公司的 FPGA 芯片具有 IEEE 1149.1/1532 协议所规定的 JTAG 接口,只要 FPGA 上电,不论模式选择管脚 M[2:0] 的电平,都可用采用该配置模式。但是将模式配置管脚设置为 JTAG 模式,即 M[2:0] = 101 时,FPGA 芯片上电后或者 PROG_B 管脚有低脉冲出现后,只能通过 JTAG 模式配置。JTAG 模式不需要额外的掉电非易失性存储器,因此通过其配置的比特文件在 FPGA 断电后即丢失,每次上电后都需要重新配置。由于 JTAG 模式已更改,配置效率高,是项目研发阶段必不可少的配置模式。典型的 Spartan 3E 系列芯片的 JTAG 配置电路如图 4.9 所示。

4.2.6　System ACE 配置方案

随着 FPGA 成为系统级解决方案的核心,大型、复杂设备常需要多片大规模的 FPGA。如果使用 PROM 进行配置,需要很大的 PCB 面积和高昂的成本,因此很多情况下都利用微处理由从模式配置 FPGA 芯片,但该配置方案容易出现总线竞争且延长了系统启动时间。为了解决大规模 FPGA 的配置问题,赛灵思公司推出了系统级的 System ACE(Advanced Configuration Environment)解决方案。

System ACE 可在一个系统内,甚至在多个板上,对赛灵思的所有 FPGA 进行配置,使用 Flash 存储卡或微硬盘保存配置数据,通过 System ACE 控制器把数据配置到 FPGA 中。目前,System ACE 有 System ACECF(Compact Flash)、System ACE SC(Soft Controller)以及 System ACE MPM(Muti-Package Module)三种。读者需要注意的是: System ACE SC/MPM 是和 System ACE CF 独立的解决方案。

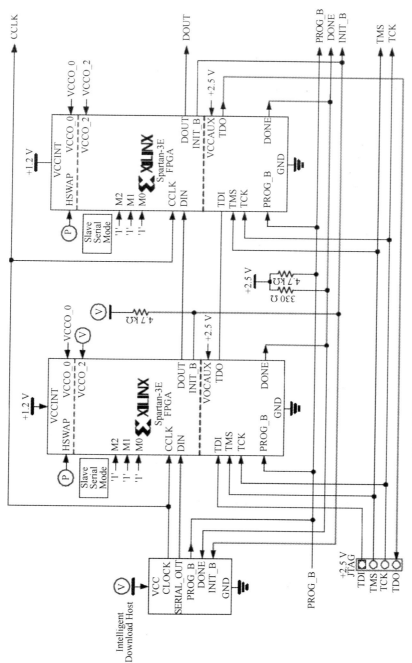

图4.8 典型的两片Spartan 3E系列FPGA的从串配置电路

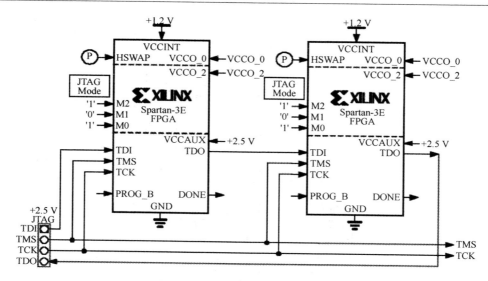

图 4.9 典型的 Spartan3E 系列芯片的 JTAG 配置电路

4.3 FPGA 设计的 IP 核及其算法

4.3.1 IP Core 简介

IP 核(IP Core)是指用于产品应用专用集成电路(ASIC)或者可编辑逻辑器件(FPGA)的逻辑块或数据块。将一些在数字电路中常用但比较复杂的功能块,如 FIR 滤波器、SDRAM 控制器、PCI 接口等设计成可修改参数的模块,让其他用户可以直接调用这些模块,这样就大大减轻了工程师的负担,避免重复劳动。随着 CPLD/FPGA 的规模越来越大,设计越来越复杂,使用 IP 核是一个发展趋势。理想地,一个知识产权核应该是完全易操作的--也就是说,易于插入任何一个卖主的技术或者设计方法。通用异步接发报机(UARTs)、中央处理器(CPUs)、以太网控制器和 PCI 接口(周边元件扩展接口)等都是知识产权核的具体例子。

知识产权核心分为三大种类:硬核、中核和软核。硬件中心是知识产权构思的物质表现。这些利于即插即用应用软件并且比其他两种类型核的轻便性和灵活性要差。像硬核一样,中核(有时候也称为半硬核)可以携带许多配置数据,而且可以配置许多不同的应用软件。三者之中最有灵活性的就是软核了,它存在于任何一个网络列表(一列逻辑门位和互相连接而成的集成电路)或者硬件描述语言(HDL)代码中。

从 IP 核的提供方式上,通常将其分为软核、硬核和固核这三类。从完成 IP 核所花费的成本来讲,硬核代价最大;从使用灵活性来讲,软核的可复用使用性最高。

(1)软核(Soft IP Core)

软核在 EDA 设计领域指的是综合之前的寄存器传输级(RTL)模型;具体在 FP-GA 设计中指的是对电路的硬件语言描述,包括逻辑描述、网表和帮助文档等。软核只经过功能仿真,需要经过综合以及布局布线才能使用。

其优点是灵活性高、可移植性强,允许用户自配置;缺点是对模块的预测性较低,在后续设计中存在发生错误的可能性,有一定的设计风险。软核是 IP 核应用最广泛的形式。

(2)固核(Firm IP Core)

固核在 EDA 设计领域指的是带有平面规划信息的网表;具体在 FPGA 设计中可以看作带有布局规划的软核,通常以 RTL 代码和对应具体工艺网表的混合形式提供。将 RTL 描述结合具体标准单元库进行综合优化设计,形成门级网表,再通过布局布线工具即可使用。和软核相比,固核的设计灵活性稍差,但在可靠性上有较大提高。目前,固核也是 IP 核的主流形式之一。

(3)硬核(Hard IP Core)

硬核在 EDA 设计领域指经过验证的设计版图;具体在 FPGA 设计中指布局和工艺固定、经过前端和后端验证的设计,设计人员不能对其修改。不能修改的原因有两个:首先是系统设计对各个模块的时序要求很严格,不允许打乱已有的物理版图;其次是保护知识产权的要求,不允许设计人员对其有任何改动。IP 硬核的不许修改特点使其复用有一定的困难,因此只能用于某些特定应用,使用范围较窄。IP Core 生成器(Core Generator) 是 Xilinx FPGA 设计中的一个重要设计工具,提供了大量成熟的、高效的 IP Core 为用户所用,涵盖了汽车工业、基本单元、通信和网络、数字信号处理、FPGA 特点和设计、数学函数、记忆和存储单元、标准总线接口等 8 大类,从简单的基本设计模块到复杂的处理器一应俱全。配合赛灵思网站的 IP 中心使用,能够大幅度减轻设计人员的工作量,提高设计可靠性。

Core Generator 最重要的配置文件的后缀是 . xco,既可以是输出文件又可以是输入文件,包含了当前工程的属性和 IP Core 的参数信息。

4.3.2　Xilinx 的 EDK 中调用 ISE 产生的 IP Core 的方法

xilinx 的 EDK 开发环境中开发自己的 IP core,自己的 IP 中又要调用 Xilinx ISE 中的一些 IP Core,方法如下:

(1)在 ISE 下,使用 Core generator,可以得到 Xilinx 的 IP 的 * . v 和 * . ngc 文件,将这两个文件拷贝出来;

（2）在 EDK 下使用"Create or Import Peripheral …"可以定制用户自己的 IP（具体过程请参照相关资料），在生成用户 IP core 目录下，至少包含"data""hdl"这两个目录。在"data"目录下有以下文件 *.pao、*.mpd 文件。*.pao 记录的是用户 IP 所要使用到的库，*.mpd 定义的是用户 IP 模块相关的接口等信息。

（3）将 core generator 产生的 .v 文件拷贝到/hdl/verilog 目录下（如果是 .vhd 文件则拷贝到/hdl/vhdl 目录下）（注意：貌似不能在/hdl/verilog 或/hdl/vhdl 目录下添加自己的子目录，并把 .v 或 .vhd 文件拷贝到子目录下，否则综合时会报找不到文件的错）；

（4）在 *.pao 文件中填写使用到的库，把使用到的 *.v 或者 *.vhd 文件的信息填写进去，书写格式可以随便找个 .pao 文件来参考，这里不多做解释；

（5）在 *.mpd 文件中，设置 OPTION STYLE 参数为 MIX，例如：

OPTION IPTYPE = PERIPHERAL OPTION IMP_NETLIST = TRUE

OPTION HDL = VHDL

OPTION IP_GROUP = MICROBLAZE：PPC：USER

OPTION CORE_STATE = DEVELOPMENT

OPTION STYLE = MIX

（6）在用户 IP core 目录下新建 netlist 目录，将 Core generator 产生的 *.ngc 网表文件拷贝到 netlist 目录下；

（7）在 XPS（或 ISE）中新建一个文件，文件后缀为 .bbd（black box definition），记录使用到的网表文件，文件书写格式如下：

FILES

blackbox1.ngc，blackbox2.ngc，blackbox3.edn

将 *.bbd（* 为用户 IP 的名字）文件保存到 data 目录下，和 *.pao、*.mpd 文件放一块。

此外，有些第三方公司做好的 IP core 的 data 目录下还包含 *.prj 和 *.mui 文件，*.prj 文件记录的是 IP core 用到的库的位置，需要把 Core generator 产生的 *.v 文件的位置也写进去，*.ngc 不用写。*.mui 文件不用理会。

至此，设置完成，可以在 user logic 中调用 Core generator 产生的 IP 核了。

4.3.3　IP Core 应用实例

Xilinx 公司在最新的 Virtex-6 中集成了 MCB 硬核，而且对于大多数厂家的存储芯片都支持（Micron、Elpida、Hynix……）。对于工程来讲，其 MCB 硬核优秀的误码校验和偏移时钟校验，以及 PLL_ADV 工作时的稳定、高精度都大大保证了研发产品的质量。而对于用户控制接口又是以通用 FIFO 的读写方式，代替复杂的 DDR/DDR2/DDR3 读写逻辑。以 SRAM 的地址映射方式代替复杂的行列地址选择。可见 MCB

硬核控制器的诞生是值得大家推崇的。

1. 在工程中添加 IP

如图 4.10 所示,打开工程,添加新的源文件。

选择版本,这里以 3.6 版本为例(尽量选择最新版本),进入 Xilinx Memory Interface Generator 界面,单击 Next,进入下一步;如图 4.11 所示,选择输出项,输入自定义模块名。

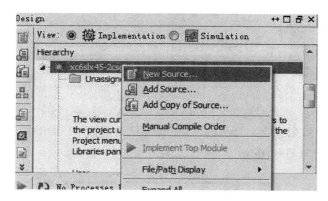

图 4.10　新建工程方框图

图 4.11　自定义模块图

单击 Next,注意:如果你是修改一个核而不是第一次生成核,会出现如图 4.12 所示对话框,单击 Yes,这时会覆盖掉一些文件,因此无论你在接下来的步骤中有没有对核的选项进行修改,最后必须点击 Generator。

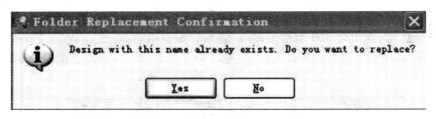

图 4.12　覆盖命令对话框

单击 Next,选择 Memory Type。

注意到图 4.13 中有个 C1、C3,这是因为 Xilinx 的 MCB 有部分是属于硬核,引脚是固定的,分别存在于 FPGA 芯片的 BANK1 和 BANK3,在代码中将看到很多的信号名是以 C1_XXX 和 C3_XXX 开头的,这很容易区分是哪个 DDR 芯片对应的信号名,注意与后面的端口(Port)混淆。

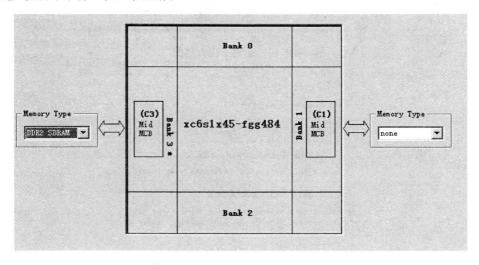

图 4.13　Memory Type

单击 Next,进入 DDR2 芯片选项模块,如图 4.14 所示,先选择存储器,再输入时钟;

这里的 Memory Part 选择的是自定义的芯片,单击 Create Custom Part ,输入一个自定义的 DDR2 芯片名,尽量输入芯片的实名而不是自定义名,这样有利于重复使用,不至于将来使用时不知所云,下面的参数可以在你所选的 DDR2 芯片 DATASHEET

中找到,输入参数值,保存,这样就可以找到自定义的存储器了,单击 Next;选择同上,单击 Next。

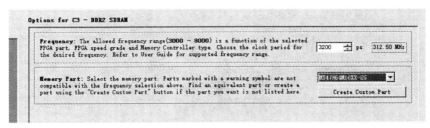

图 4.14　DDR2 芯片选项

如图 4.15 所示设置端口的一些参数,主要是根据自己板子的实际情况稍微做一些修改即可。

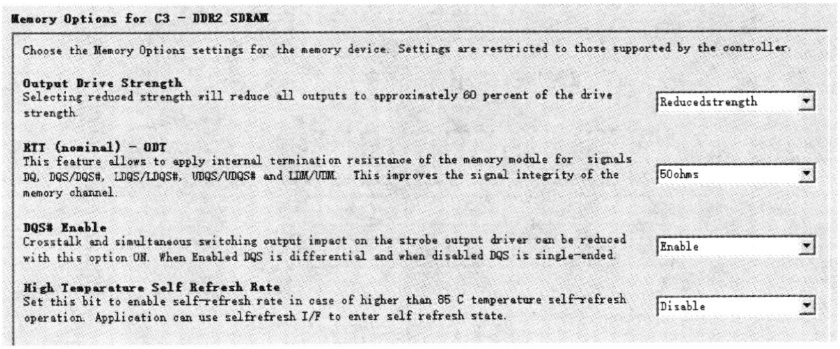

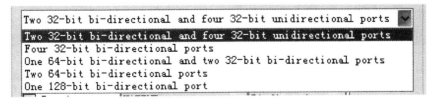

图 4.15　设置端口的一些参数

进入端口配置,如图 4.16 所示选择配置模式,单向与双向的意思是指端口是可读、可写,还是既可读又可写。

```
Two 32-bit bi-directional and four 32-bit unidirectional ports ▼
Two 32-bit bi-directional and four 32-bit unidirectional ports
Four 32-bit bi-directional ports
One 64-bit bi-directional and two 32-bit bi-directional ports
Two 64-bit bi-directional ports
One 128-bit bi-directional port
```

图 4.16　选择配置模式

将端口配置成一个读一个写,其他不用。

如图 4.17 所示,选择存储器的地址映射方式,可根据程序的设计方便选择,这里选择默认。

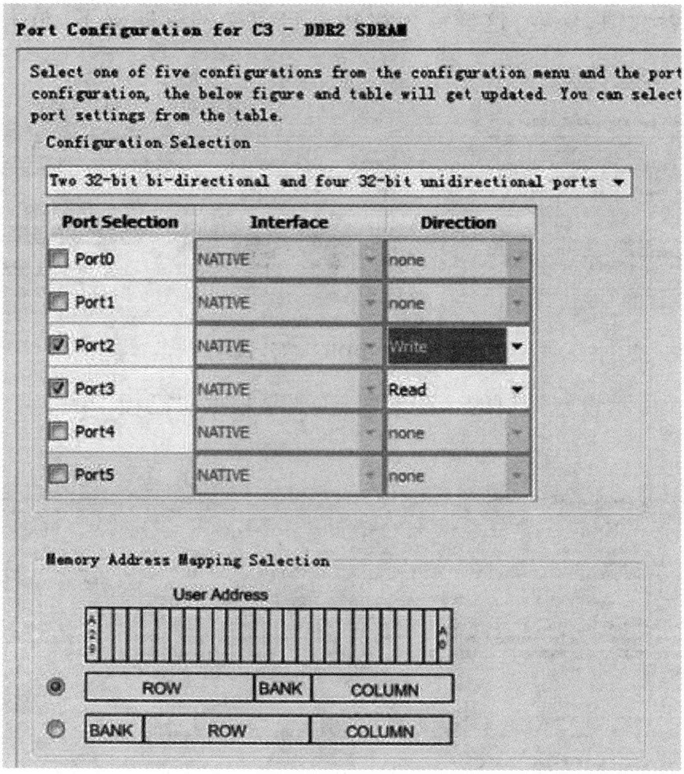

图 4.17　端口配置

单击 Next；接着进入 FPGA 选项，这里注意系统时钟的方式，根据实际情况选择单端还是差分，这里选择单端。还有就是要注意下 debug 选项，建议选择 disable。

其他默认。

单击 Next，同上，直到出现选择 accept；然后单击 next；

直到出现 generate 选项，点击即可。

2. IP 的选择和使用

如图 4.18 所示，打开生成的文件夹（一般在工程的 ipcore_dir 目录下），四个文件夹分别是参数配置、RTL 代码、仿真库和综合脚本。

RTL 文件夹内的文件是我们主要关注的。如图 4.19，这里的 DDR667（建立 IP 时取的名字）是顶层文件，另外两个分别是"管理时钟"和"管理端口"的描述文件。

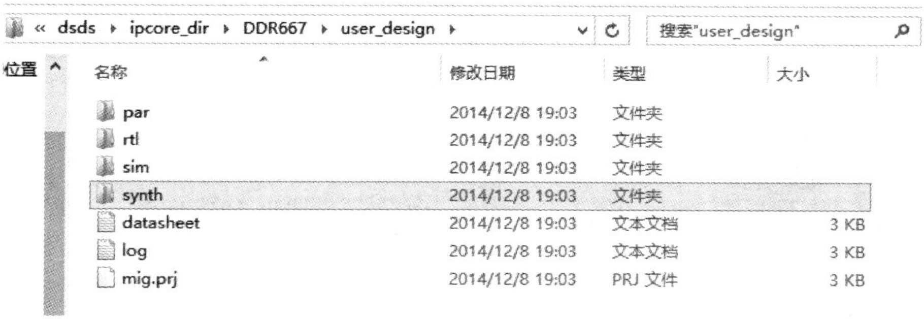

图 4.18　生成的文件夹

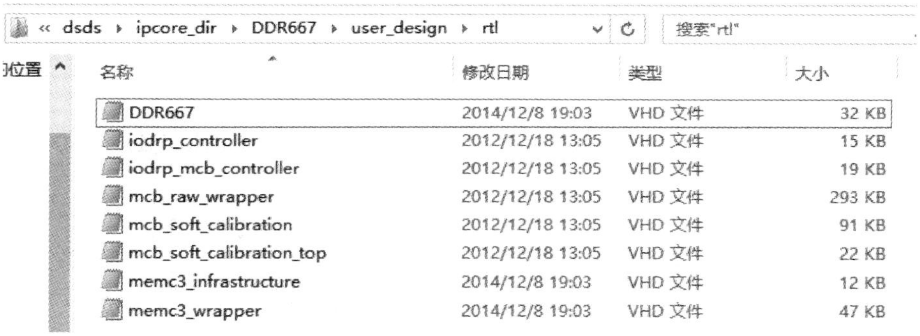

图 4.19　RTL 文件夹

打开"管理时钟"的 infrastrcture.v,需要注意的是:如果 MCB 的输入时钟是经过
IBFG 处理的,那么这里的 IBFG 就需要注释掉,IBFG 是全局输入时钟的缓冲,一个工
程中有一个即可。

uplladv 模块是 Xilinx 的 PLL 核,并没有什么特殊之处,而 MCB(图 4.20)只用了
其中的 4 个时钟输出,其中一个还是提供给用户逻辑使用,因此完全可以对该 PLL
的 3 个时钟输出做自定义,这样可以减少系统所用 PLL 个数。

对于自定义的 PLL 输出根据需要最好加上 BUFG,然后将这些时钟添加到模块
输出项,经顶层模块输出。

对于 BUFPLL_MCB 的详细解释,读者可参见 ug382 手册。输出文件图 4.21 对
应的关系图 4.22 如下:

作为顶层文件的 DDR667,可以看到在 IP 设置时所选择的参数都在这里了,如果
需要做改动,可以在这里的 parameter 下修改。这里的参数有最高的权限,会覆盖所
调用模块的默认值。如图 4.23 所示,在 par 文件夹下面有系统默认的 UCF(约束文
件),默认情况下会使用该 UCF 文件。

```
        .LOCKED        (locked)
    );

    BUFG U_BUFG_CLK0
    (
    .O (clk0_bufg),
    .I (clk0_bufg_in)        给MCB模块使用
    );

    BUFG U_BUFG_CLK1
    (
    .O (mcb_drp_clk),
    .I (mcb_drp_clk_bufg_in)
    );

always @(posedge clk0_bufg , pose
```

图 4.20　MCB 模块使用时钟

```
278    assign rstu    = rstu_sync_r[RS1_SYNC_N
279
280
281    BUFPLL_MCB BUFPLL_MCB1
282    ( .IOCLK0          (sysclk_2x),
283      .IOCLK1          (sysclk_2x_180),
284      .LOCKED          (locked),
285      .GCLK            (mcb_drp_clk),
286      .SERDESSTROBE0   (pll_ce_0),
287      .SERDESSTROBE1   (pll_ce_90),
288      .PLLIN0          (clk_2x_0),
289      .PLLIN1          (clk_2x_180),
290      .LOCK            (bufpll_mcb_locked)
291    );
292
293
294    endmodule
295
```

图 4.21　输出文件图

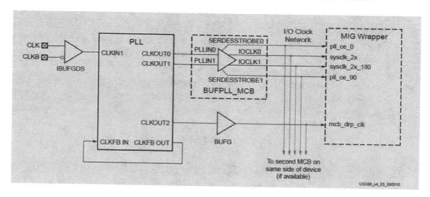

图 4.22　输出文件对应关系图

名称	修改日期	类型	大小
create_ise	2014/12/8 19:03	Windows 批处理...	4 KB
DDR667.ucf	2014/12/8 19:03	UCF 文件	9 KB
icon_coregen.xco	2014/12/8 19:03	XCO 文件	2 KB
ila_coregen.xco	2014/12/8 19:03	XCO 文件	4 KB
ise_flow	2014/12/8 19:03	Windows 批处理...	4 KB
ise_run	2014/12/8 19:03	文本文档	2 KB
makeproj	2014/12/8 19:03	Windows 批处理...	1 KB
mem_interface_top.ut	2014/12/8 19:03	UT 文件	1 KB
readme	2014/12/8 19:03	文本文档	7 KB
rem_files	2014/12/8 19:03	Windows 批处理...	8 KB
set_ise_prop.tcl	2014/12/8 19:03	TCL 文件	5 KB
vio_coregen.xco	2014/12/8 19:03	XCO 文件	2 KB

路径：dsds ▸ ipcore_dir ▸ DDR667 ▸ user_design ▸ par　　搜索"par"

图 4.23　UCF 文件

如图 4.24 笔者在使用中发现一个奇怪的问题,就是在自己重新定义 UCF,且确认所有的管脚都映射正确后,在 MAP 阶段一直报错,主要是报 DQS、UDQS、DQS_N、UDQS_N 这四个 pin 脚的分布有问题,尝试了很多办法都无效。

```
 97    NET "mcb3_dram_dqs" IOSTANDARD = DIFF_SSTL18_II;
 98    NET "mcb3_dram_udqs" IOSTANDARD = DIFF_SSTL18_II;
 99    NET "mcb3_dram_dqs_n" IOSTANDARD = DIFF_SSTL18_II;
100    NET "mcb3_dram_udqs_n" IOSTANDARD = DIFF_SSTL18_II;
```

图 4.24　pin 脚分布报错图

最终的解决办法如图 4.25,是从工程中移除顶层的 DDR2_test. XCO 文件(备注:这里 DDR2_test 是笔者为 IP 所取的名字),手动添加所有的 RTL 源文件,编译后顺利通过 map。

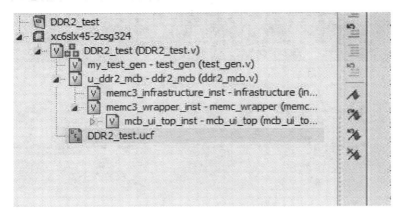

图 4.25　DDR2_test. XCO 文件

如图 4.26,由于 Xilinx 官方一直在更新 ISE 软件,FPGA 的内核也会有所变动,在期间选型时需要留意 DS162 文件中不同器件所需要的软件版本。

同时如图 4.27,对于使用 - 2 速度的朋友需要注意下在 XCN10024 中 Xilinx 对 MCB 的性能做了一些小小的修正,在内核电压较低(1.14 ~ 1.26 V)的情况下,速度由原来的 667 Mb/s 降低至 625 Mb/s。

由于系统默认是将整个 DDR 按 8 bit 来重新对地址编码,这样对于 X16、X8 和 X4 就需要根据图 4.28 经行重新的映射,具体可以参看 UG388。

在设置 FIFO 的位宽时,需要注意几个速度问题。比如 DDR3-800,如果器件是 X8 模式的,那么每个时钟可以触发 16 bit 数据(DDR 是双沿触发),假设 FIFO 是 64 bit,那么系统时钟至少需要(16/64)×400 = 100 MHz 才能跟上 DDR 的速度,同理如果是 32 bit 的 FIFO,那么至少需要 200 MHz 的系统时钟,这个在系统规划时需要注意。另外 FIFO 最多可以到 64 级,每一级大小等于位宽。

Production Silicon and ISE Software Status

In some cases, a particular family member (and speed grade) is released to production before a speed specification is released with the correct label (Advance, Preliminary, Production). Any labeling discrepancies are corrected in subsequent speed specification releases. Table 27 lists the production released Spartan-6 family member, speed grade, and the minimum corresponding supported speed specification version and ISE® software revisions. The ISE software and speed specifications listed are the minimum releases required for production. All subsequent releases of software and speed specifications are valid.

Table 27: Spartan-6 Device Production Software and Speed Specification Release[1]

Device	Speed Grade Designations[2]			
	-3[3]	-3N	-2[4]	-1L
XC6SLX4	ISE 12.4 v1.15	N/A	ISE 12.3 v1.12[5]	
XC6SLX9	ISE 12.4 v1.15	ISE 13.1 Update v1.18[7]	ISE 12.3 v1.12[5]	
XC6SLX16	ISE 12.1 v1.08	ISE 13.1 Update v1.18[7]	ISE 11.5 v1.06	
XC6SLX25	ISE 12.2 v1.11[6]	ISE 13.1 Update v1.18[7]	ISE 12.2 v1.11[6]	
XC6SLX25T	ISE 12.2 v1.11[6]	ISE 13.1 Update v1.18[7]	ISE 12.2 v1.11[6]	N/A
XC6SLX45	ISE 12.1 v1.08	ISE 13.1 Update v1.18[7]	ISE 11.5 v1.07	ISE 13.1 v1.06
XC6SLX45T	ISE 12.1 v1.08	ISE 13.1 Update v1.18[7]	ISE 12.1 v1.08	N/A
XC6SLX75	ISE 12.2 v1.11[6]	ISE 13.1 Update v1.18[7]	ISE 12.2 v1.11[6]	
XC6SLX75T	ISE 12.2 v1.11[6]	ISE 13.1 Update v1.18[7]	ISE 12.2 v1.11[6]	N/A
XC6SLX100	ISE 12.2 v1.11[6]	ISE 13.1 Update v1.18[7]	ISE 12.2 v1.11[6]	ISE 13.1 v1.06
XC6SLX100T	ISE 12.2 v1.11[6]	ISE 13.1 Update v1.18[7]	ISE 12.2 v1.11[6]	N/A
XC6SLX150	ISE 12.2 v1.11[6]	ISE 13.1 Update v1.18[7]	ISE 12.2 v1.11[6]	ISE 13.1 v1.06
XC6SLX150T	ISE 12.2 v1.11[6]	ISE 13.1 Update v1.18[7]	ISE 12.2 v1.11[6]	N/A

图 4.26　软件版本

Table 1: MCB Performance Change for -2 Speed Grade, DDR2 interfaces

	Original Performance Specification	New Performance Specification	
		Standard Performance V_{CCINT} 1.14V to 1.26V	Extended Performance V_{CCINT} 1.2V to 1.26V
V_{CCINT} Range	1.14V to 1.26V		
JTAG ID Revision	JTAG ID Revision Code "2"	JTAG ID Revision Code "3" or Later	JTAG ID Revision Code "3" or Later
DDR2	667 Mb/s	625 Mb/s	667 Mb/s

图 4.27　MCB 的性能修正

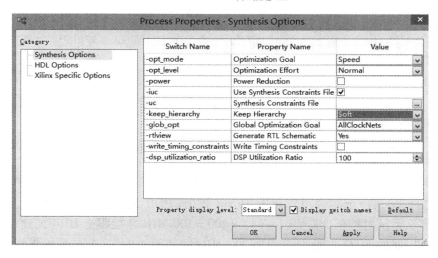

图 4.28　IP 中定义的参数和系统调用模块

如图 4.28,由于整个 IP 中定义的参数和系统调用模块比较多,为了防止软件将一些信号优化掉,需要设置 Hierarchy 为 soft.

4.4　本章小结

本章主要是 FPGA 产品及其开发方法的介绍,首先介绍了 Virtex-6 系列 FPGA 的相关参数,Xilinx 公司 FPGA 的配置电路,SPARTAN 3E 系列 FPGA 的单片主串配置电路,SPI 串行 Flash 配置模式,典型的两片 SPARTAN 3E 系列 FPGA 的从串配置电路,典型的 SPARTAN 3E 系列芯片的 JTAG 配置电路,系统级的 System ACE(Advanced Configuration Environment)解决方案。然后介绍了 FPGA 设计的 IP Core 及其算法,举了一个 IP Core 应用实例。

第 5 章　Xilinx 常用开发软件介绍

5.1　Xilinx ISE 使用教程

如图 5.1 所示,一套完整的 FPGA 设计流程包括电路设计输入、功能仿真、设计综合、综合后仿真、设计实现、添加约束、布线后仿真和下载、调试等主要步骤。

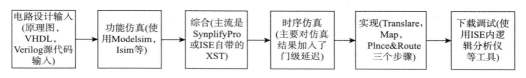

图 5.1　FPGA 设计流程

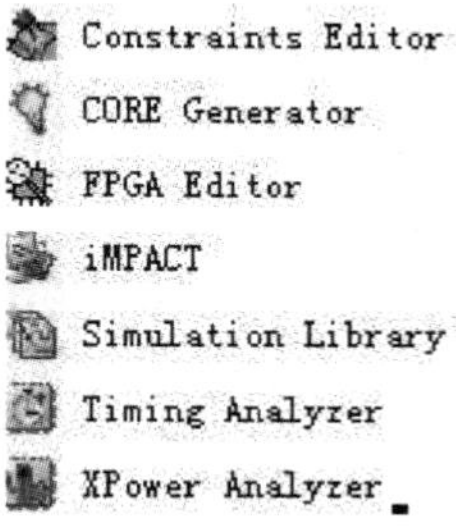

本文中以 Xilinx 公司 FPGA 设计软件 ISE 14.4 为例。

ISE 9 以后的版本的安装文件都是集成到了一个包当中,安装起来很方便。软件包里面包含四个大的工具,ISE Design Tools、嵌入式设计工具 EDK、PlanAhead、Xtreme DSP 设计工具 System Generator。ISE 设计工具中包含 ISE Project Navigator、ChipScope Pro 和图 5.2 所示工具。

做一般的 FPGA 逻辑设计时只需要用到 ISE 设计工具,下面通过一个最简单的"点亮 LED 灯"实例,具体讲解 ISE 设计工具的使用,并介绍基于 ISE 的 FPGA 设计基本流程。

图 5.2　ISE 软件包中部分工具

5.1.1　创建工程

(1)在桌面快捷方式或开始→所有程序→Xilinx ISE Design Suite 14.4→ISE Design Tools 中打开 ISE Project Navigator。

(2)如图 5.3 所示,单击 File→New Project... 出现图中所示对话框。

在该界面输入工程名、选择工程存放路径、选择顶层模块类型,其中顶层模块类型有硬件描述语言(HDL)、原理图(Schematic)、SynplifyPro 默认生成的网表文件(EDIF)、Xilinx IP Core 和 XST 生成的网表文件(NGC/NGO)这四种选项,这里使用

Verilog 模块作为顶层输入,所以选 HDL。

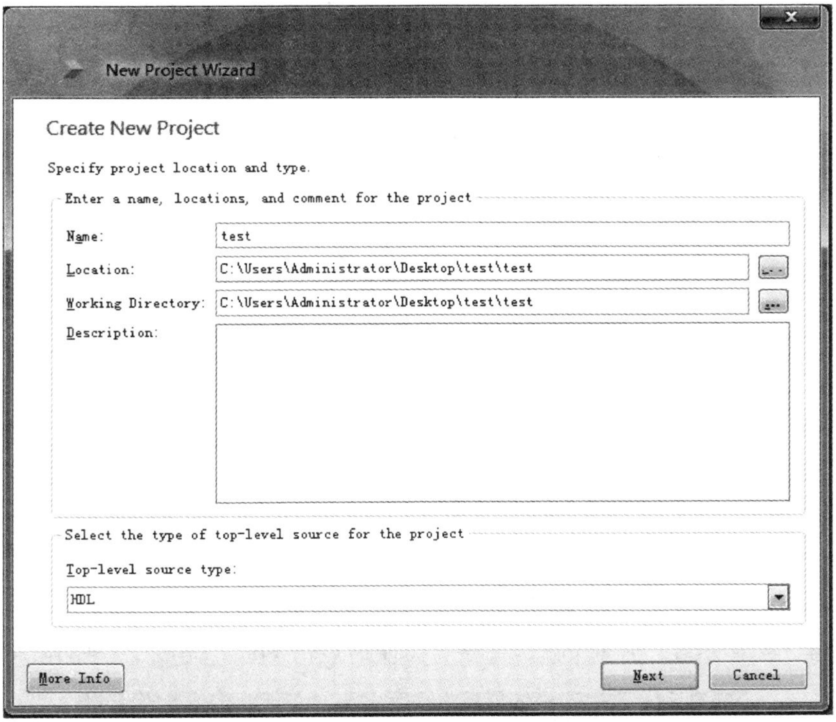

图 5.3　新建工程对话框

(3)单击 Next,进入下一步,弹出图 5.4 所示对话框。

这里主要设置 FPGA 器件型号、速度等级、综合工具和仿真工具的选择,其余的一般默认即可。

器件大类(Product Category)中有 ALL、民用级 General Purpose、工业级 Automotive、军用级 Military/Hi-Reliability、航空防辐射级 Radiation Tolerant 五个选项,这里选择默认的 ALL。

芯片型号选择 Defense-Grade virtex6Q XQ6VLX130T,封装 RF784,速度等级 −2(数值越大,速度越快)。

综合工具选择 ISE 自带的 XST,仿真工具也选择 ISE 自带的 ISim。这里综合工具和仿真工具都可以选择第三方的工具,如常用的 SynplifyPro 和 Modelsim。

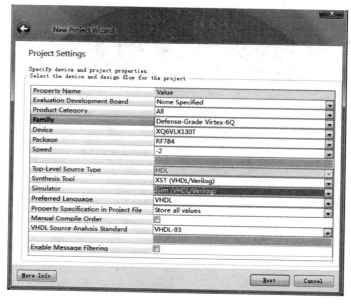

图 5.4　工程参数设置对话框

（4）如图 5.5，单击 Next 按钮，然后单击 Finish 完成新工程的创建。该窗口会显示新建工程的概要，核对无误后点击 Finish 完成工程创建。

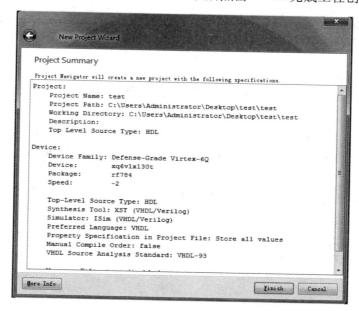

图 5.5　新建工程概要

5.1.2　功能仿真

（1）加入仿真激励源 testbench，这里选择用 VHDL 编写。在源代码窗口图 5.6 中单击右键，在弹出的菜单中选择 New Source，然后选择 VHDL Module。

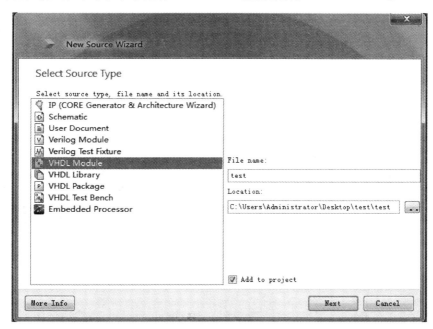

图 5.6　源代码仿真关联选择界面

在该界面选择关联上 test1 源代码，这样关联之后生成出来的测试文件中会自动加入对源文件的例化代码，然后单击 Next，在弹出的报告界面确认信息无误后点击 Finish。

在自动弹出的代码编辑界面输入以下测试激励代码，保存。

entity test is

port(a:in std _logic;

　　　　　b:in std_logic;

　　　　　c:out std_logic);

end test;

architecture Behavioral of test is

begin

c $\Leftarrow$ a and b;

end Behavioral;

（2）行为级仿真。在主窗口左侧图
5.7 的 Design 窗口中选择 Simulation→下
拉栏中选行为级 Behavioral→选中仿真激
励文件→在 Processes 窗口就会出现 ISim
仿真软件了,第一个功能是行为级语法检
查,在编写完 testbench 之后可以用于排查
语法错误。双击第二个选项 Simulate Be-
havior Model 即可启动行为级仿真了。

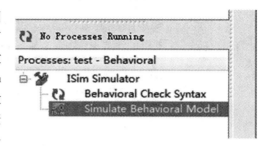

图 5.7　启动行为级仿真

（3）如图 5.8 使用 ISim 仿真设计时序。

图 5.8　ISim 仿真界面

5.1.3　综合

如图 5.9,将 Design 窗口中的 View 项切换为 Implementation,然后选中顶层文件,
在下面的 Processes 窗口中就会出现综合实现的工具选项。双击 Synthesize-XST 就开
始运行综合了。

综合过程中出现的各种警告或是错误报告会出现在 Console 窗口中,综合完成
后状态显示为,双击 Errors and Warnings 中的 Synthesis Report 就可以打开综合
报告。

双击 View RTL Schematic,打开设计综合后的 RTL 级视图。双击后会弹出图
5.10 所示的对话框,第一个是打开一个窗口文件管理向导,第二个是直接进入顶层
设计的浏览。默认为第二个,点击 OK。

图 5.11 就是打开后能看到的顶层模块视图。可以看到最外层的输入和输出
接口,一般复杂一点的设计可以通过顶层视图来确定个模块之间的端口是否正确
连接。

图 5.9　综合

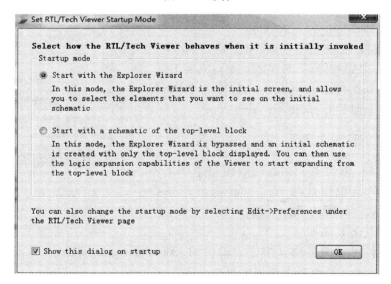

图 5.10　设置 RTL 查看设置

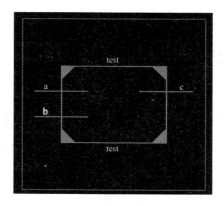

图 5.11　顶层模块

5.1.4　时序仿真

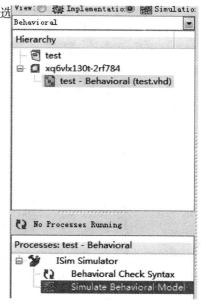

如图 5.12 所示,在主窗口左侧的 Design 窗口中选择 Simulation→下拉栏中选 Post – Translate→选中仿真激励文件→在 Processes 窗口就会出现 ISim 仿真软件了,双击 Simulate Post-Translate Model 即可启动时序仿真。

时序仿真由于加入了门级延迟,所以比行为级仿真的运算量大,仿真起来速度也会慢很多。点击 Run 之后多等一会。

ISim 还能做映射（Post-Map）和布局布线（Post-Route）之后的仿真,时序能更贴近真实情况。一般在高速和时序非常复杂的设计中才会用到,使用方法与上面类似,这里不再赘述。

5.1.5　运行实现

（1）添加管脚约束。在源代码窗口中单击右键,在弹出的菜单中选择 New Source,然后选择

图 5.12　时序仿真

Implementation Constraints File ,输入文件名,点击下一步。在弹出的窗口确认信息无误后点击 Finish。

约束文件可以通过选择操作窗口中的 User Constraints→I/O Pin Planning 启动 Plan Ahead 来通过图形界面添加生成。

（2）运行实现。实现的步骤包括翻译、映射、布局布线三个步骤。

如图 5.13 所示，在 Design 窗口中选中顶层文件后双击操作窗口中的 Implement Design，软件就会自动运行实现的三个步骤。

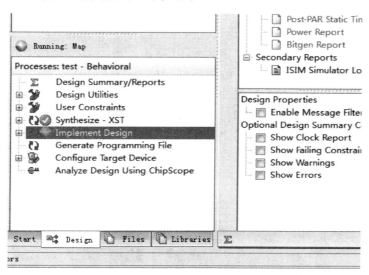

图 5.13　运行实现工具

完成后状态显示为 ⊘，各项操作过程中出现的错误和警告信息可以在 Errors and Warnings 窗口中选择查看。

5.1.6　下载调试

如图 5.14，双击操作窗口中的 Configure Target Device 启动下载程序。这个过程

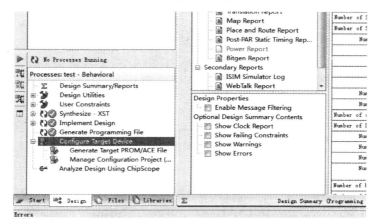

图 5.14　选择配置目标器件

中会自动生成编程文件（Xilinx 的 FPGA 配置文件
为 . bit 后缀），并启动 iMPACT 软件。

在软件运行的过程中你可以连接好下 JTAG
载线，将板子通上电。如图 5.15，运行完成之后会
自动弹出 iMPACT 软件界面，在该界面中双击
Boundary Scan，然后单击工具栏上的图标，软件就
会自动扫描 JTAG 链路上的目标器件。

如图 5.16，软件会自动打开配置文件选择窗

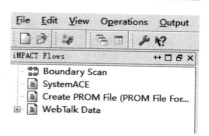

图 5.15　iMPACT 界面

口，将路径引导到工程目录，选择刚才生成的 bit 文件。软件还会询问是否需要添加
外挂的 PROM 芯片，这里选否。然后点击 OK。如果硬件连接正确且工作正常，就能
看到图 5.16 所示的界面。选中芯片后再点击右键，选择 Program。

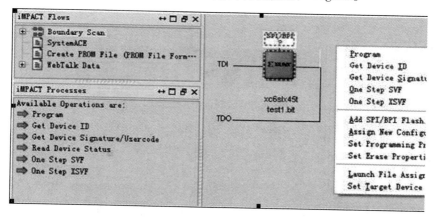

图 5.16　下载界面

如果提示 Programmed successfully，就表明下载成功了。

5.2　ModelSim 设计仿真

5.2.1　ModelSim 界面介绍

1. 菜单和工具栏介绍

本节说明 ModelSim 的菜单和工具栏，读者有一个初步的了解即可。可以通过点
击开始→程序→ModelSim XE Ⅱ 5.7c→ModelSim 或点击桌面上的快捷方式来运行该

软件,出现的界面如图 5.17 所示。在图的最上端为标题栏,下面一行为菜单栏,再下面为工具栏;左半部分为工作区(Workspace),在其中可以通过双击查看当前的工程及对库进行管理;右半部分为命令窗口区,在其中出现的命令行及提示信息称为脚本(Transcript);最下面一行为状态栏。这里要注意的是,有些操作是无法通过菜单和工具栏来完成的,学习 ModelSim 一定要学会使用命令行方式来操作,常用的命令并不多,不是很难掌握,在后续章节将介绍仿真中的一些常见命令。因此,5.2.1 节内容读者略读一下就可以了。

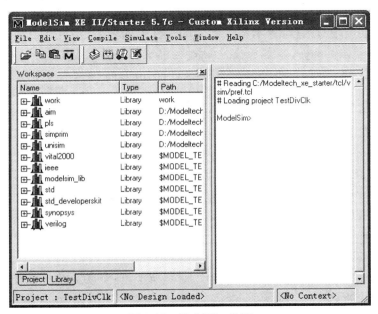

图 5.17　ModelSim 界面

2. 标题栏

与一般的 Windows 窗口相同,界面的最上一行为标题栏,显示当前的应用程序的名称,通过点击标题栏的图标(或 Alt 键 + SpaceBar 空格键),可以对窗口进行诸如改变窗口大小、移动窗口位置、关闭窗口之类的操作,这些与 Windows 完全相同。

3. 菜单栏

标题栏下方为菜单栏。菜单栏有八个菜单项,分别是:File(文件)、Edit(编辑)、View(视图)、Compile(编译)、Simulate(仿真)、Tools(工具)、Window(窗口)、Help(帮助)。下面分别罗列其具体选项。

（1）File（文件）菜单

文件菜单通常包含了对工程及文件等的操作。ModelSim 的文件菜单包含的命令有：New（新建）、Open（打开）、Close（关闭）、Import（导入）、Save（保存）、Delete（删除）、Change Directory（更改路径）、Transcript（对脚本进行管理）、Add to Project（为工程添加文件）、Recent Directories（最近几次的工作路径）、Recen Projects（最近几次工程）、Quit（退出）。

①新建文件命令（File/ New）

单击 File/ New 命令，将会出现一个子菜单，共包含四个选项：单击 Floder（新建文件夹）后，会出现对话框，提示输入新建的文件夹的名字，即可在当前目录下新建一个文件夹；单击 Source（新建源文件）后，会出现源文件类型的选项（VHDL，Verilog，Other），点击可分别新建对应格式的源文件；单击 Project（新建工程）后，会出现对话框，提示在 Project Name 处输入新建工程的名称，在 Project Location 处指定新建工程的存放路径，在 Default Library Name 处指明默认的设计库的名称，用户设计的文件将编译到该库中；单击 Library（新建一个库）后，会出现对话框，提示选择 Creat a New library and a logical mapping to it（新建一个库并建立一个逻辑映象）或 A map to an existing library（新建一个到已存在库的映象），在 Lirary name 处输入新建库的名称，在 Library phycial name 处输入存放库的文件名称。

②Open（打开文件）

单击会出现子菜单选择打开 File（文件）、Project（工程）及 Dataset（WLF 文件）。

③Close（关闭）

单击会出现子菜单选择关闭 Project（工程）或 Dataset（仿真数据文件）。

④Import（导入）

导入新的库，在进行某些仿真时需要的一些库可以通过该方法导入，根据提示指定源库路径及目标库路径，一步步操作完成。注意 ModelSim 安装目录下的 model-sim. ini 文件不能为只读。在该文件中保存了 ModelSim 的一些设置信息，后续章节将详细讨论该文件的内容及其含义。

⑤Save（保存）

保存当前仿真数据。

⑥Delete（删除）

删除指定的工程，即删除 . mpf 文件，mpf 是 ModelSim 工程的后缀名。

⑦Change Directory（改变路径）

改变当前工作路径，ModelSim 使用的是绝对路径，而不是相对路径，这与 ISE 不同，在 ISE 中，你可以将你的设计整个目录拷贝到其他任何地方，只要目录完整，你可以直接打开工程文件。而在 ModelSim 中，若将整个目录拷贝到其他地方，打开工程时其指向仍为原来工程的地址,可以通过更改路径来设置新的路径。

⑧Transcript(脚本)

单击会出现子菜单选择操作 Save Transcript(保存主窗口中脚本)、Save Transcript As(把主窗口中脚本另存为一个新文件)或 Clear Transcript(清除主窗口中的脚本)。

⑨Add to Project(添加到工程)

单击会出现子菜单选择操作 File(添加文件到当前工程)、Simulation Configuration(添加设定的仿真配置)或 Folder(添加文件夹)。

⑩Recent Directories(最近几次工作路径)

可以从中选取最近几次的工作路径。

⑪Recent Projects(最近几次工程)

可以打开最近几次的工程。

⑫Quit(退出)

退出 Model Sim.

(2)Edit(编辑) 菜单

类似于 Windows 应用程序,在编辑菜单中包含了对文本的一些常用的操作。

①Copy(复制)

复制选中的文档

②Paste(粘贴)

把剪切或复制的文档粘贴到当前插入点之前。

③Select All(全选)

选中主窗口中所有的抄本文档。

④Unselect All(取消全选)

取消已选文本的选中状态。

⑤Find(查找)

在命令窗口中查找字符或字符串。

(3)View(视图) 菜单

类似于其他 Windows 应用程序,视图菜单可以控制在屏幕上显示哪些窗口。

①All Windows(所有窗口)

打开所有的 Model Sim 窗口,你试一下该命令会发现 ModelSim 打开了许多窗口,包括波形窗口、信号列表窗口、源文件窗口等等。

②Dataflow(数据流)

打开 Dataflow 窗口,在该窗口中显示数据的流向。

③List(列表)

打开列表窗口。

④Process(进程)

打开进程窗口,该窗口显示了设计中的进程所在的位置。

⑤Signals(信号)

打开信号窗口。该窗口显示了设计中所有信号的列表

⑥Source(源文件)

打开源文件窗口,可以在源文件窗口中显示设计中使用的源文件。

⑦Structure(结构)

打开结构窗口,该窗口以列表方式显示了设计中所有的结构,双击某一结构,可以查找定义该结构的语句。

⑧Variables(变量)

打开变量窗口,该窗口以列表方式显示了设计中定义的所有变量。

⑨Wave(波形)

打开波形窗口,这是我们仿真时经常需要查看的窗口,在其中显示了输入和输出的波形。

⑩Datasets(数据集)

打开 Dataset 浏览器来打开、关闭、重命名或激活一个 Dataset。你在使用的时候会发现没有什么变化,这时候你可以看看 Workspace 窗口下是不是多了一个选项卡。该选项卡显示的内容与 Structure 窗口显示的完全相同。

⑪Coverage(覆盖率)

查看仿真的代码覆盖率。

⑫Active Processes(活动的进程)

当前正在执行的进程。

⑬workspace(工作区)

打开当前的工作区。

⑭Encoding(编码)

以不同的编码查看。

⑮Properties

显示工作区中选中对象的属性。

(4)Compile(编译)菜单

①Compile(编译)

把 HDL 源文件编译到当前工程的工作库中。

②Compile Options(编译选项)

设置 VHDL 和 Verilog 编译选项,例如可以选择编译时采用的语法标准等。

③Compile All(全编译)

编译当前工程中的所有文件。

④Compile Select(编译选中的文件)

编译当前工程中的选中文件。

⑤Compile Order(编译顺序)

设置编译顺序,一般系统会根据设计对 VHDL 自动生成编译顺序,但对于 Verilog 需要指定编译顺序。

⑥Compile Report(编译报告)

有关工程中已选文件的编译报告。

⑦Compile Summary(编译摘要)

有关工程中所有文件的编译报告。

(5)Simulate(仿真)菜单

这里的编译及运行命令类似于 VC 等高级语言的调试时候的命令。

①Simulate(仿真)

装载设计单元。

②Simulation Options(仿真选项)

设置仿真选项。

③Run(运行)

Run *** ns:在该仿真时间长度内进行仿真。若要改变长度,可在 Simulation Options 中设置或在工具栏中修改。

Run-All(运行所有仿真):进行仿真,直到用户停止它。

Continue(继续):继续仿真。

Run-Next(运行到下一事件):运行到下一个事件发生为止。

Step(单步):单步仿真。

Step-Over:仿真至子程序结束。

Restrat:重新开始仿真,重新加载设计模块,并初始化仿真时间为零。

④Break(停止)

停止当前的仿真。

⑤End Simulation(结束仿真)

结束当前仿真。

(6)Tool(工具)菜单

①Waveform Compare(波形比较)

在子菜单中有具体进行波形比较的命令。

②Coverage(覆盖率)

测试仿真的代码覆盖率,所谓代码覆盖率是指仿真运行到当前已运行的代码占所有代码的比例,当然是越接近 100% 越好。

③Breakpoints(断点设置)

单击此选项出现断点设置对话框,设置断点。

④Execute Macro(执行宏文件)

所谓的宏文件就是保存后的脚本,脚本保存起来,以后可以利用该命令来重新执行。

⑤Options(选项)

Transcript File:设置脚本文件的保存。

Command History:命令历史。

Save File:保存脚本文件。

Saved Lines:限制脚本文件的行数。

Line Prefix:设置每一行的初始前缀。

Update Rate:设置状态条的刷新频率。

ModelSim Prompt:改变 ModelSim 的命令提示符。

VSIM Prompt:改变 VSIM 的命令提示符。

Paused Prompt:改变 Paused 的命令提示符。

HTML Viewer:设置打开在线帮助的文件。

⑥Edit Preferences(编辑参数选取)。

设置编辑参数。

⑦Save Preferences(保存参数选取)。

设置保存用的参数。

(7)Window (窗口)菜单

①Initial Layout(初始化版面)

恢复所有窗口到初始时的大小和位置。

②Cascade(层叠)

使所有打开的窗口层叠。

③Tile Horizontally(水平平铺)

水平分隔屏幕,显示所用打开的窗口。

④Tile Vertically(垂直平铺)

垂直分隔屏幕,显示所用打开的窗口。

⑤Layout Style(版面格式)

Default(默认格式):与 Initial Layout 格式相同。

Classic(经典格式):采样低于 5.5 版本的格式。

Cascade：与 Cascade 格式相同。

Horizontally：与 Tile Horizontally 格式相同。

Vertically：与 Tile Vertically 格式相同。

⑥Icon Children(子窗口图标化)

除了主窗口之外的其他窗口缩为图标。

⑦Icon All(图标化)

将所有窗口缩为图标。

⑧Deicon All(显示还原)

将所用缩为图标的窗口还原。

(8)Help(帮助)菜单

①About ModelSim(关于 Modelsim)

显示 ModelSim 的版本、版权等信息。

②Release Notes(发布信息)

显示 ModelSim 的版本发布信息。

③Welocme Menu(欢迎菜单)

显示欢迎画面。

④PDF Documentation(PDF 文档)

在子菜单中可以选择 ModelSim 的 PDF 文档。

SE HTML Documentation：ModelSim 的超文本文档。

⑤Tcl Help：Tcl 帮助文档

Tcl 是 Tools Command Language 的缩写，它是一种可扩充的命令解释语言,具有与 C 语言的接口和命令的能力,应用非常广泛,这方面也有专门的书籍。.

⑥Tcl Man Pages：Tcl 主页面

⑦Technotes：技术文档

4. 工具栏

ModelSim 的工具栏如图 5.18 所示。从左到右依次为：打开、复制、粘贴、如何更新 ModelSim、编译选定、编译全部、仿真、停止仿真、重新开始仿真、仿真步长、运行一步、继续运行、运行所有、单步执行、主程序的单步执行。

图 5.18　ModelSim 的工具栏

5.2.2 ModelSim 具体使用步骤

前面两节简要介绍了有关 ModelSim 的安装以及用户界面的功能,初学者可能会觉得有很多名词看不懂,这一节我们来通过一个简单的例子学习 ModelSim 的简单使用。学完本节你会发现 ModelSim 不仅好用,而且易用。

这一节使用的例子是一个分频电路的设计。所谓分频电路是将较高频率的时钟分频,得到较低频率的时钟,分频电路的使用较为广泛,例如,要编写一个显示时间的电路就需要一个分频器,将晶振的频率分频得到 1Hz 的时钟信号。分频有几种方法,对于较为规则的分频,如 2 分频、4 分频、8 分频等可以调用 ISE 本身的库函数来实现,对于较不规则的分频,我们也有两种方法,一种是利用计数器的某一位来作为分频输出,一种是计数器计数到某一数值时,分频时钟信号翻转来实现分频。两种方法可以从其仿真结果得到。之所以选择这个例子,是因为这里例子有实用价值并且设计本身简单,仿真也较为简单。下面开始设计。

1. 图形界面对设计进行仿真

考虑到初学者,这里的讲述较为详细,初学者可以按照如下步骤开始:

①运行 modelsim,会出现图 5.19 界面。

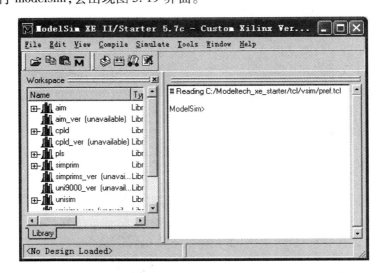

图 5.19 ModelSim 开始界面

②点击 File→New→Project,会出现如图 5.20 所示的界面,在 Project Name 中输入建立的工程名字为 DivClkSimu,在 Project Location 中输入工程保存的路径为 D:/

yuProj/modelsim/DivClk,注意 ModelSim 不能为一个工程自动建立一个目录,这里我们最好是自己在 Project Location 中输入路径来为工程建立目录,在 Default Library Name 中为我们的设计编译到哪一个库中,这里使用默认值,这样,在编译设计文件后,在 Workspace 窗口的 Library 中就会出现 work 库。这里输入完以后,点击 OK。

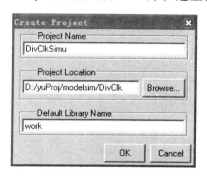

图 5.20　新建工程窗口

③这时有对话框如图 5.21 所示,提示给定的工程路径不存在,是否建立路径,目的就是为工程建立一个新目录,因此,点击确定。

图 5.21　确认建立新的工程目录

④这时候出现如图 5.22 所示的界面,可以点击不同的图标来为工程添加不同的项目,点击 Create New File 可以为工程添加新建的文件,点击 Add Existing File 为工程添加已经存在的文件,点击 Create Simulation 为工程添加仿真,点击 Create New Folder 可以为工程添加新的目录。这里点击 Create New File。

⑤出现界面如图 5.23 所示,我们在 File Name 中输入 DivClkHDL 作为文件的名称,Add file as type 为输入文件的类型为 VHDL、Verilog、TCL 或 text,这里我们使用默认设置 VHDL,Folder 为新建的文件所在的路径,Top Level 为在我们刚才所设定的工程路径下。点击 OK;并在 Add items to the Project 窗口点击 Close 关闭该窗口。

⑥这时候在 Workspace 窗口中出现了 Project 选项卡,在其中有 DivClkHDL. vhd,其状态栏有一个问号,表示未编译,我们双击该文件,这时候出现窗口 edit-DivClkHDL. vhd 的编辑窗口,在其中输入设计文件如下:

图 5. 22　为工程添加项目　　　图 5. 23　为工程添加新文件

library IEEE;

use IEEE. STD_LOGIC_1164. ALL;

use IEEE. STD_LOGIC_ARITH. ALL;

use IEEE. STD_LOGIC_UNSIGNED. ALL;

entity divclk1 is

port (clk : in std_logic;

divclk : out std_logic) ;

end divclk1;

architecture behavioral of divclk1 is

signal counter : std_logic_vector(4 downto 0) : = "00000" ;

signal tempdivclk : std_logic : = '0';

begin

process(clk)

begin

if clk'event and clk = '1' then

if(counter > = "11000") then

counter ← "00000" ;

tempdivclk ← not tempdivclk;

else

counter ← counter + '1';

end if;

end if;

end process;

divclk ← tempdivclk;

end behavioral;

⑦点击 File→Save,并退出该窗口(File→Close)。

⑧在 WorkSpace 窗口的 DivClkHDL. vhd 上点击右键,选择 Compile→Compile All,如图 5.24 所示。

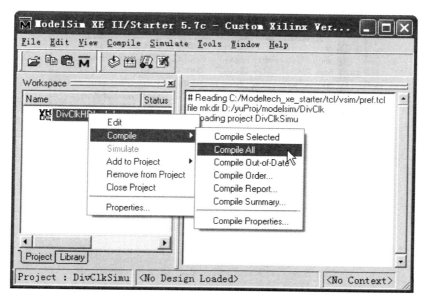

图 5.24　编译设计中的文件

⑨在脚本窗口中将出现一行绿色字体 Compile of DivClkHDL. vhd was successful. ,说明文件编译成功,在该文件的状态栏后有一绿色的对号,表示编译成功。

⑩下面开始仿真,点击菜单 Simulate→Start Simulate,会出现如同图 5.25 所示的界面,展开 Design 选项卡下的 work 库,并选中其中的 behavioral,这是在 Simulate 中出现了 work. divclk1(behavioral)表示所要仿真的对象,Resolution 为仿真的时间精度,这里使用默认值,点击 OK。

⑪为了观察波形窗口,点击菜单 View→Wave。

⑫这时候出现的 Wave 窗口为空,里面什么都没有,要为该窗口添加需要观察的对象,首先在主窗口而不是波形窗口中点击 View→Signals 打开信号列表窗口如图 5.26 所示,在改窗口中点击 Add→Wave→Signals in Design,这时候在波形窗口中就可以看到这些信号了。

⑬下面就开始仿真,在主窗口中输入命令对信号进行驱动,首先我们为时钟信号输入驱动:force clk 0 0,1 10000 - r 20000 其中 force 为命令,clk 表示为 clk 信号驱动,0 0 表示在零时刻该值为 0,1 10000 表示在 10 ns 处值为 1, - r 20000 表示从 20 ns 处开始重复(repeat),可以看出这里的输入时钟为 50 MHz,即周期为 20 ns。

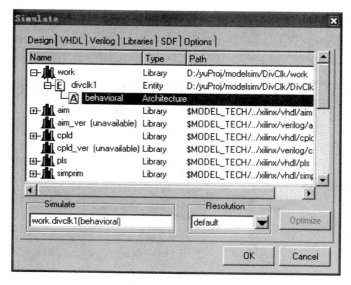

图 5.25　选择仿真对象

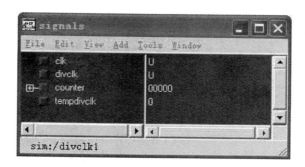

图 5.26　信号列表窗口

⑭以十进制查看 counter 信号波形,在波形窗口中,右键点击 counter 信号,点击 Radix→Decimal,该信号的值就以十进制显示。

⑮开始仿真,在主窗口中输入 run 3us,表示运行仿真 3 微秒,这时候如果你的机器配置较低那就要等几分钟,这时候你可以看看 CPU 的利用率一直为 100%,仿真比较占资源,并且以后对波形的操作机器反应也很慢,如果仿真很慢你可以看看状态栏的当前仿真时间是多少。

⑯这时候点击按钮(在当前波形窗口中显示所有波形),点击可以在波形窗口添加竖线,点击可以调整选定竖线在选定信号的变化处,调整完毕,可以在波形窗口看到如图 5.27 所示的窗口,可以看到分频得到的时钟占空比为 1(即一个周期内容为 1 的时间等于波形为 0 的时间),分频后周期为 1 μs。

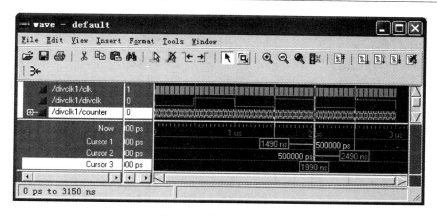

图 5.27　仿真波形窗口

⑰退出仿真,在主窗口中点击 Simulate→End Simulation,会出现对话框,提示我们是否确认退出仿真,我们点击是退出仿真。

⑱仿真结果分析,这里我们的输入时钟为 50 MHz,周期为 20 ns,通过分频语句得到频率为 1 MHz,周期为 1 us 的时钟,使用时可以调整分频语句 if(counter > = "11000") then 中的值及位宽来调整分频后的时钟频率。设我们需要从周期为 T(ns)的时钟得到周期为 X(ns)的脉冲,可以用如下的方法计算出此处应有的值:((X/T)/2) - 1,例如此处我们要从周期为 20 ns 的时钟得到周期为 1000 ns(1μs)的脉冲,((X/T)/2) - 1 = ((1000/20)/2 - 1) = 24 = (11000) Bin 因此可以得到该式中的值。

2. 使用命令行方式对设计进行仿真

这一小节主要通过在主窗口中输入命令行来进行仿真,并不是所有的操作都是用命令行方式来实现的。所设计的例子是另外一种分频方式,即使用计数器的某一位作为分频得到的时钟。可以按照如下步骤来实现:

①新建工程 DivClk2Proj,打开 ModelSim,点击 File→New→Project,在工程名中输入 DivClk2Proj,在工程保存路径中输入 D:/yuProj/modelsim/DivClk2,点击 OK,并在随后出现的对话框中点击确定来确认建立该目录。

②在随后出现的 Add items to the Project 窗口中,点击 Creat New File,出现 Create Project File 窗口,点击 Browse 找到刚刚建立的文件夹,并输入文件名,之后在 File Name 框中应为 D:/yuProj/modelsim/DivClk2/DivClk2HDL,选择 Add file as type 为 VHDL,Folder 为 Top Level,点击 OK,并点击 Add items to the Project 窗口中的 Close 来将其关闭。

③在主窗口中双击 Workspace 窗口中 DivClk2HDL. vhd,出现编辑窗口,在窗口中输入如下代码:

```
library IEEE;
use IEEE. STD_LOGIC_1164. ALL;
use IEEE. STD_LOGIC_ARITH. ALL;
use IEEE. STD_LOGIC_UNSIGNED. ALL;
entity divclk1 is
port ( clk:in std_logic: ='0';
divclk:out std_logic);
end divclk1;
architecture behavioral of divclk1 is
signal counter:std_logic_vector( 5 downto 0): = "000000";
begin
process( clk)
begin
if clk'event and clk ='1' then
if( counter > = "110001" ) then
counter <= "000000";
else
counter <= counter +'1';
end if;
end if;
end process;
divclk <= counter(5);
end behavioral;
```

④保存该文件并编译,方法同 5. 2. 2,在该文件上点击右键选择 Compile→Compile All。

⑤运行仿真,在主窗口输入命令:vsim work. divclk1,注意此处的 divclk1 表示设计中的实体名。

⑥以下的仿真同 5. 2. 2 节,为时钟信号添加驱动,输入命令:force clk 0 0,1 10000 − r 20000,将仿真时钟设为 50 MHz。

⑦打开波形窗口,输入命令:view wave,这时会看到空的波形窗口已经打开;

⑧为波形窗口添加信号,输入命令:add wave-hex * ,这里的 * 表示添加设计中所有的信号, − hex 表示以十六进制来表示波形窗口中的信号值。

⑨开始仿真,输入命令,run 3 us,这时候在波形窗口中出现仿真波形,调整窗口大小,并添加鼠标线,得到如图 5.28 所示的波形窗口。

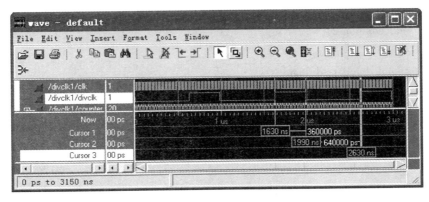

图 5.28　仿真波形

这一节使用较为高级的仿真方式 TestBench 和 TEXTIO 来进行设计仿真。Test-Bench 可以理解为一个平台,该平台包含待仿真的模块,具体一点是 TestBench 为一个电路板,在该电路板中包含了我们设计的用 HDL 语言描述的电路,这块电路板与外界没有任何的接口,其功能仅仅是仿真测试我们设计电路,我们可将设计的电路中的端口的信号描绘出来,进行仿真分析。TEXTIO 是 VHDL 标准库 STD 中的一个程序包(Package),它提供了 VHDL 与磁盘文件直接访问的桥梁,我们可以利用它来读取或写入仿真数据到磁盘中的文件,TEXTIO 的使用是通过 TestBench 来进行的,即我们在 TestBench 中可以调用 TEXTIO 进行仿真,下面我们就介绍两者的使用。

3. 使用 TestBench 对设计进行仿真

这里先看一个例子,其设计同上一节,即设计一个分频模块,其源代码上节所述。为其编写一个 TestBench,代码如下:

```
library IEEE;
use IEEE. STD_LOGIC_1164. ALL;
use IEEE. NUMERIC_STD. ALL;
entity divclk1_tb is
end divclk1_tb;
architecture behavior of divclk1_tb is
component divclk1
port(
```

```
clk:in std_logic;
divclk:out std_logic
);
end component;
signal clk:std_logic: = '0';
signal divclk:std_logic;
begin
uut:divclk1 port map(
clk ⇒ clk,
divclk ⇒ divclk
);
clk ⇐ not clk after 10 ns;
end;
```

下面开始在 ModelSim 中使用 TestBench 对设计进行仿真：

①打开 ModelSim,新建工程 TestBenchTest。

②将 5.2.2 节的分频模块设计文件添加到当前工程中,方法是在 Add items to the Project 窗口中点击 Add Existing Files,找到 5.2.2 节中的文件,拷贝到当前目录即可。

③新建 TestBenchFile 文件,并将上述源代码添加进去保存,新建文件的方法是 File→New→Source→VHDL。

④编译文件,方法是点击菜单 Compile→Compile All。

⑤如果代码与本书一样,且 ModelSim 的 License 正确的,应该编译没有问题,下面开始仿真。

⑥在命令窗口中输入 vsim work. divclk1_tb,注意与 5.2.2 不同之处在于这里的仿真对象为 divclk1_tb,它是 TestBenchFile 的实体名。

⑦在命令窗口中输入 view wave,打开波形文件窗口。

⑧在命令窗口中输入 add wave-hex * ,将信号添加到波形文件中。

⑨在命令窗口中输入 run 3us,在波形窗口中可以得到波形,添加鼠标线并调整大小可以得到如图 5.29 所示的波形。

经分析,从仿真过程可以看出,TestBench 为波形输入自动添加了驱动,因此,在仿真时候就不需要再为信号进行驱动了。在这个例子中,设计输入只有一个时钟,但如果设计一个两个四位数相加的加法器,如果考虑到所有可能的输入一个个地输入会很麻烦,这时候可以利用 TestBench 来进行设置,后面会举一个这样的例子。另外,要注意到 TestBench 文件中的实体与外界没有任何接口相连,因此:

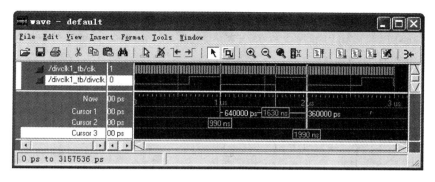

图 5.29 仿真结果波形

  entity divclk1_tb is

  end divclk1_tb

  定义的实体中没有端口,把所要仿真的对象当成一个部件在 TestBench 中来使用,以实现 TestBench 与仿真对象之间的联系。

4. TEXTIO 介绍

  TEXTIO 是 VHDL 标准库 STD 中的一个程序包(package)。在该包中定义了三个类型:LINE 类型、TEXT 类型以及 SIDE 类型;一个子类型(subtype)WIDTH。此外,在该程序包中还定义了一些访问文件所必需的过程(Procedure)。简单描述如下。

  (1)类型的定义

  类型的定义如下:

   .. type LINE is access string;

  定义了 LINE 为存取类型的变量,它表示该变量是指向字符串的指针,它是 TEX-TIO 中所有操作的基本单元,读文件时,先按行(LINE)读出一行数据,再对 LINE 操作来读取各种数据类型的数据;写文件时,先将各种的数据类型组合成 LINE,再将 LINE 写入文件。在用户使用时,必须注意只有变量才可以是存取类型的,而信号则不能是存取类型的。例如,可以定义成:

   variable DLine:LINE;

  但不能定义成:

   signal DLine:LINE;

   .. type TEXT is file of string;

  定义了 TEXT 为 ASCⅡ 文件类型。定义成为 TEXT 类型的文件是长度可变的 ASCⅡ 文件。例如在 TEXTIO 中定义了两个标准的文本文件。

   file input:TEXT open read_mode is "STD_INPUT";

　　　　file output：TEXT open write_mode is "STD_OUTPUT"；

　　定义好以后，就可以通过文件类型变量 input 和 output 来访问其对应的文件 STD _INPUT 和 STD_OUTPUT。

　　需要注意的是 VHDL'87 和 VHDL'93 在使用文件方面有较大的差异。在编译时注意选中对应的标准。

　　　　.. type SIDE is (right，left)；

　　定义了 SIDE 类型。表示定义了一个名为 SIDE 的数据类型，其中只能有两种状态，即 right 和 left，right 和 left 表示将数据从左边还是右边写入行变量。该类型主要在 TEXTIO 程序包包含的过程（Procedure）中使用。

　　　　.. subtype WIDTH is natural；

　　定义了 WIDTH 为自然数的子类型。所谓子类型表示其取值范围是父类型的范围的子集。

　　（2）过程（Procedure）的定义

　　过程（Procedure）的定义如下：

　　TEXTIO 提供了基本的用于访问文本文件的过程。类似于C++，VHDL 提供了重载功能。即完成相近功能的不同的过程可以有相同的过程名，但其参数列表不同，或参数类型不同或参数个数不同。

　　TEXTIO 提供的基本过程有：

　　　　.. procedure READLINE(文件变量；行变量)；

　　用于从指定文件读取一行数据到行变量中。

　　　　.. procedure WRITELINE(文件变量；行变量)；

　　用于向指定文件写入行变量所包含的数据。

　　　　.. procedure READ(行变量；数据类型)；

　　用于从行变量中读取相应的数据类型的数据。

　　根据参数数据类型及参数个数的不同，有多种重载方式，TEXTIO 提供了 bit、bit_ vector、BOOLEAN、character、integer、real、string、time 数据类型的重载。同时，提供了返回过程是否正确执行的 BOOLEAN 数据类型的重载。例如，读取整数的过程为

　　　　procedure READ (L：inout LINE； VALUE：out integer； GOOD：out BOOLE-AN)；

　　其中，GOOD 用于返回过程是否正确执行，若正确执行，则返回 TRUE。

　　　　.. procedure WRITE(行变量；数据变量；写入方式；位宽)；

　　该过程将数据写入行变量。其中写入方式表示写在行变量的左边还是右边，且其值只能为 left 或 right，位宽表示写入数据时占的位宽。例如：

　　　　write(OutLine，OutData，left，2)；

表示将变量 OutData 写入 LINE 变量 OutLine 的左边占 2 个字节。

5. TEXTIO 在仿真中的应用

下面以一个简单的 8 位加法器来说明 TEXTIO 的使用。输入数据为两个 8 bit 的有符号数,输出为 9 bit 的有符号数,以防止溢出。在编写加法器的描述文件时,首先要对两个数进行位的扩展,再进行加法运算。在编写测试文件时,要注意读入数据与得到结果之间相差一个时钟周期,因此,需要在读出的结果与计算的结果之间需要插入一个时钟周期的等待。仿真步骤如下:

(1)生成输入及预定结果文件的 C++ 程序

可以使用 VC++ 、Matlab 等高级软件工具编写生成输入和预定结果文件的程序,由于设定输入为 8 位有符合数,因此,其范围为 [−127,127]。C++ 程序如下:

```
#include " iostream. h"
#include " fstream. h"
void main( void)
{
int i,j;
ofstream fsIn( "d:\yuproj\modelsim\TextioTest\TestData. dat" );
ofstream fsOut( "d:\yuproj\modelsim\TextioTest\Result. dat" );
for( i = −127; i < 128; i + + )
{
for( j = −127; j < 128; j + + )
{
fsIn < < i < < " " < < j < < endl;
fsOut < < i + j < < endl;
}
}
fsIn. close( );
fsOut. close( );
}
```

在程序中,使用了 C++ 类库 iostream. h 和 fstream. h。主要使用了" < < "的输出功能。读者可以参考对应的 C++ 书籍。运行该程序可以在规定的目录下生成 TestData. dat 和 Result. dat 两个文本格式的文件。注意,一行输入多个数据时,之间以空格隔开即可。

（2）新建 ModelSim 工程

打开 ModelSim，新建工程 Textio，其存放目录为 d：\yuproj\modelsim\TextioTest。

（3）添加设计源文件

新建设计文件 NineBitsAdder，新建文件的方法是 File→New→Source→VHDL，源代码如下：

```
library IEEE;
use IEEE. STD_LOGIC_1164. ALL;
use IEEE. STD_LOGIC_SIGNED. ALL;
entity Add2In is
port( D1：in std_logic_vector( 7 downto 0 );
D2：in std_logic_vector( 7 downto 0 );
Q：out std_logic_vector( 8 downto 0 );
Clk：in std_logic );
end Add2In;
architecture A_Add2In of Add2In is
begin
process( Clk )
begin
if Clk ='1' and Clk'event then
Q <= ( D1( D1'left) & D1 ) + ( D2( D2'left) & D2 );
end if;
end process;
end A_Add2In;
```

在进行加法前，首先进行位的扩展，再进行加法运算。在时钟的上升沿完成加法运算。

（4）添加测试文件

新建 TestBench 文件 TestBench. vhd，新建文件的方法是 File→New→Source→VHDL，代码如下：

```
library IEEE;
use IEEE. STD_LOGIC_1164. ALL;
use IEEE. STD_LOGIC_SIGNED. ALL;
use IEEE. STD_LOGIC_ARITH. ALL;
use STD. TEXTIO. ALL;
entity tb is
```

```
end tb;
architecture a_tb of tb is
component Add2In
port( D1 : in std_logic_vector( 7 downto 0 );
D2 : in std_logic_vector( 7 downto 0 );
Q : out std_logic_vector( 8 downto 0 );
Clk : in std_logic );
end component;
signal D1 : std_logic_vector( 7 downto 0 ) : = ( others ⇒ '0' );
signal D2 : std_logic_vector( 7 downto 0 ) : = ( others ⇒ '0' );
signal Q : std_logic_vector( 8 downto 0 );
signal Clk : std_logic : = '0';
signal Dlatch : boolean : = false;
signal SResult : integer;
begin
dut : Add2In
port map( D1 ⇒ D1 ,
D2 ⇒ D2 ,
Q ⇒ Q ,
Clk ⇒ Clk );
Clk ⇐ not Clk after 20 ns;
process
file InputD : text open read_mode is " TestData. dat" ;
variable DLine : LINE;
variable good : Boolean;
variable Data1 : integer;
variable Data2 : integer;
begin
wait until Clk = '1' and Clk'event;
readline( InputD , DLine );
read( DLine , Data1 , good );
read( DLine , Data2 , good );
if ( good ) then
D1 ⇐ Conv_std_logic_vector( Data1 ,8 );
```

```
D2 ⇐ Conv_std_logic_vector( Data2 ,8 );
else
assert false report " End of Reading Input File!"
severity error;
end if;
end process;
process
file InputR ;text open read_mode is " Result. dat";
variable RLine ;LINE;
variable Result ;integer;
begin
wait until Clk ='1' and Clk'event;
Dlatch ⇐ true;
if Dlatch then
readline( InputR ,RLine );
read( RLine ,Result );
SResult ⇐ Result;
if SResult ∕ = Q then
assert false report " Two values are different"
severity warning;
end if;
end if;
end process;
end a_tb;
```

(5)编译

下面开始仿真,先编译所有文件,方法是点击菜单 Compile→Compile All。

(6)装载设计

在命令窗口中输入 vsim work. tb。

(7)打开波形窗口

在命令窗口中输入 view wave,打开波形文件窗口。

(8)添加信号到波形窗口中

在命令窗口中输入 add wave-dec ∗ ,将信号添加到波形文件中。

(9)运行仿真

在命令窗口中输入 run-all 该命令将使仿真一直运行下去。

（10）仿真结果

仿真结束后在主界面窗口中将会看到如下信息：

** Fatal：（vsim − 3551）TEXTIO：Read past end of file "TestData. dat".

Time：2601020 ns Iteration：0 Process：/tb/line__34 File：D：/yuProj/modelsim/
TextioTest/TestBench. vhd

Fatal error at D：/yuProj/modelsim/TextioTest/TestBench. vhd line 41

#

表示在读完 TestData. dat 后，因读空出现错误。其中没有出现程序中所设定的
warning，表示加法器的仿真结果与高级软件得到的预定结果相符合。可以改进程
序，在其中加入 ENDFILE（ ）函数来判断是否读取到文件的结尾，仿真结果如图 5. 30
所示。

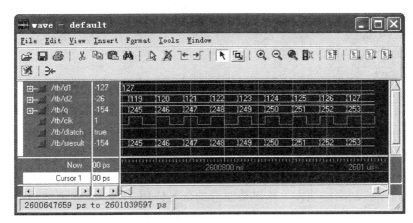

图 5. 30　仿真结果波形

（11）结束仿真

输入命令 quit-sim 结束仿真。

（12）修改数据文件

将 VC 生成的文件 Result. dat 打开，将文件中的第 100 行的 − 155 为 100，保存该文件。

（13）仿真

同上，在 ModelSim 主窗口中输入如下命令：

　　vsim work. tb

（14）仿真结果

运行完毕会在主窗口中显示如下警告信息，双击对应的警告信息，可以看到，仿
真结果与 Result. dat 中的预定结果不一致的地方。仿真图形如图 5. 31 所示。

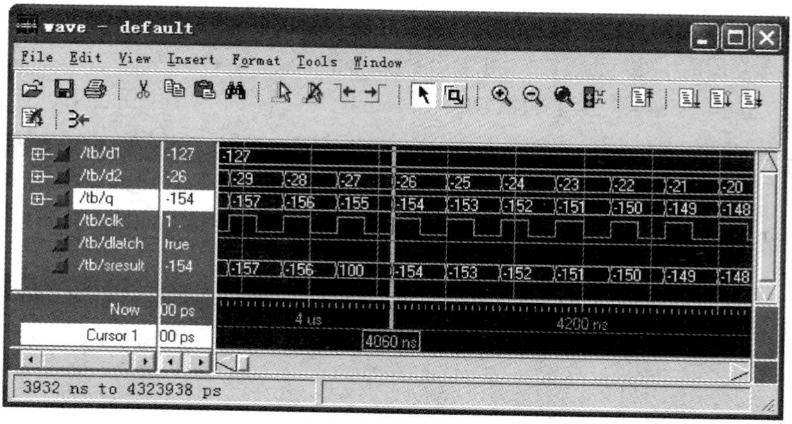

图 5.31 仿真波形

（15）退出仿真

输入命令 quit-sim;

View wave

Add wave-dec *

Run-all

仿真分析：在该程序中，首先读出输入文件的一行内容，再从该行中提取出两个值输入加法器。从预定结果文件中提取出一个值，将加法器计算结果与该值比较，若两者不同则输出警告信息。我们也可以将输出写入一个文本文件，再比较两个文本文件的异同以获知出错地方。这里要注意的是要使用 TEXTIO 程序包，另外，测试文件的实体内的端口为空，相当于一块独立的电路板，使用 Component 在其中包含了上面定义的加法器，该独立的电路板所完成的功能是对设计的加法器进行测试。在该程序中使用了 assert 断言语句，要注意该语句后的表达式或变量为真时不执行后续的输出，为假时执行后续的输出。在该程序中，还使用了类型转换函数 CONV_STD_LOGIC_VECTOR( )将整数转换为 8 位的标准类型。另外，在程序中定义了变量 Dlatch，该变量的作用是将计算结果与预定结果的比较延迟一个时钟周期，周期地与预定结果比较。

5.2.3 ModelSim 的配置

在上一节的仿真中，如果你在编译时出现如下错误：

** Error：D：/yuProj/modelsim/TextioTest/TestBench. vhd (34)：Unknown identifier：read_mode

** Error：D：/yuProj/modelsim/TextioTest/TestBench. vhd(34)：FILE declaration using 1076 – 1993 syntax. Recompile using −93 switch.

　　** Error:D:/yuProj/modelsim/TextioTest/TestBench. vhd(34):VHDL Compiler exiting

　　也许你会没有一点办法,你可能会问,我明明是照着书本上的例程,为什么会出现这些错误呢? 其实,只需动一动鼠标,改一下 ModelSim 的配置就可以了。在 Workspace 窗口中,在出错的文件 TestBench. vhd 上点击右键,选择 Properties,会出现如图 5.32 所示的窗口,这里可以看到 ModelSim 的目录之间的分割符为“/”,而 DOS 下目录的分割符为“\”,有点不同,点击 VHDL 选项卡,会看到如图 5.33 所示的界面,这里关键的地方是在 Use 1993 Language Syntax 前打钩,表示设计在编译时候按照 VHDL’93 的语法标准,打钩之后,可以再编译一下,这次就应该没有问题了。此外,在图 5.33 中,还可以设定什么情况下出现警告信息等选项。

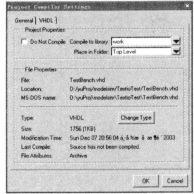
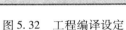

　　　图 5.32　工程编译设定　　　　　图 5.33　VHDL 方面的工程编译设定

　　在仿真时,有一些默认的选项,如仿真的时间单位、每次单步仿真的时间等信息,这里可以对其进行修改。点击菜单 Simulate→Simulation Options,可以看到如图 5.34 所示的界面,在 Default Radix 下为添加信号到波形文件中默认的信号格式,如 Symbolic 表示符号型,Binary 表示以二进制显示,Octal 表示以八进制表示,Decimal 表示以十进制表示,Unsigned 表示以无符合数表示,Hexadecimal 表示以十六进制表示,ASCⅡ表示以 ASIC 码来表示信号的值。在 Default Run 框中的值表示默认的单步运行时间。Iteration Limit 表示在一定时间内循环最大的次数,以避免无限循环,系统无法承受。

　　点击图 5.34 中的 Assertions 选项卡,可以看到如图 5.35 所示的窗口,在其中可以对仿真遇到何种情况中止,并可以设置忽略一些情况。这些设置有利于调试分析不同的情况。

　　其实上述的设置都保存在 ModelSim 安装目录下的 modelsim. ini 文件中,用记事本可以查看该文件的内容,该文件中较为重要的是[library]、[vcom]以及[vsim]。

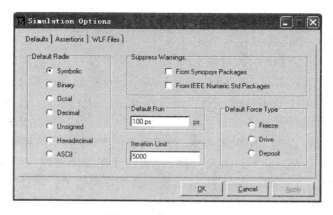

图 5.34   仿真选项设定

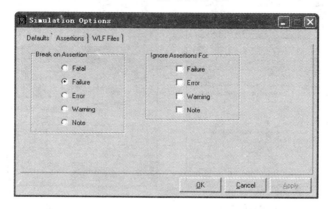

图 5.35   仿真中的断言设置

在[library]后面是各个库的名字及其存放目录,如下:

[library]

std = $ MODEL_TECH/../std

ieee = $ MODEL_TECH/../ieee

verilog = $ MODEL_TECH/../verilog

vital2000 = $ MODEL_TECH/../vital2000

std_developerskit = $ MODEL_TECH/../std_developerskit

synopsys = $ MODEL_TECH/../synopsys

modelsim_lib = $ MODEL_TECH/../modelsim_lib

; VHDL Section

unisim = $ MODEL_TECH/../xilinx/vhdl/unisim

simprim = $ MODEL_TECH/../xilinx/vhdl/simprim

xilinxcorelib = $ MODEL_TECH/. . /xilinx/vhdl/xilinxcorelib

aim = $ MODEL_TECH/. . /xilinx/vhdl/aim

pls = $ MODEL_TECH/. . /xilinx/vhdl/pls

cpld = $ MODEL_TECH/. . /xilinx/vhdl/cpld;

Verilog Section

unisims_ver = $ MODEL_TECH/. . /xilinx/verilog/unisims_ver

uni9000_ver = $ MODEL_TECH/. . /xilinx/verilog/uni9000_ver

simprims_ver = $ MODEL_TECH/. . /xilinx/verilog/simprims_ver

xilinxcorelib_ver = $ MODEL_TECH/. . /xilinx/verilog/xilinxcorelib_ver

aim_ver = $ MODEL_TECH/. . /xilinx/verilog/aim_ver

cpld_ver = $ MODEL_TECH/. . /xilinx/verilog/cpld_ver

在[vcom]后面有一些编译时的选项设置,值为 0 表示为 OFF,为 1 表示 ON,例如 VHDL93 = 1 表示编译时按照 VHDL93 标准,show_source = 1 表示编译出错时是否将出错的那一行显示出来,可以根据其注释来了解其含义,该部分内容如下:

[vcom];

turn on VHDL – 1993 as the default. normally is off.

VHDL93 = 1;

show source line containing error. default is off.

show_source = 1

turn off unbound-component warnings. default is on.

show_warning1 = 0

turn off process-without-a-wait-statement warnings. default is on.

show_warning2 = 0

turn off null-range warnings. default is on.

show_warning3 = 0

turn off no-space-in-time-literal warnings. default is on.

show_warning4 = 0

turn off multiple-drivers-on-unresolved-signal warnings. default is on.

show_warning5 = 0

turn off optimization for IEEE std_logic_1164 package. default is on.

optimize_1164 = 0

turn on resolving of ambiguous function overloading in favor of the

"explicit" function declaration (not the one automatically created by

the compiler for each type declaration). default is off.

explicit = 1

turn off vital compliance checking. default is checking on.

novitalcheck = 1

ignore vital compliance checking errors. default is to not ignore.

ignorevitaierrors = 1

turn off vital compliance checking warnings. default is to show warnings.

show_vitalcheckswarnings = false

turn off "loading. . . " messages. default is messages on.

quiet = 1

turn on some limited synthesis rule compliance checking. Checks only:

-- signals used (read) by a process must be in the sensitivity list

checkSynthesis = 1

在[vsim]后是一些仿真的选项,例如 resolution = ps 表示仿真最小的分辨率为 1 ps,usertimeunit = default 表示分辨率的单位,default 表示默认的单位,而默认的单位为分辨率所使用的单位,runlength = 100 表示执行一次 Run 所仿真的时间,可以根据文件中的说明来分析其含义,该部分内容如下:

[vsim]

simulator resolution

set to fs, ps, ns, us, ms, or sec with optional prefix of 1, 10, or 100.

resolution = ps

user time unit for run commands

set to default, fs, ps, ns, us, ms, or sec. the default is to use the

unit specified for resolution. for example, if resolution is 100ps,

then usertimeunit defaults to ps.

userTimeUnit = default

default run length

runLength = 100

maximum iterations that can be run without advancing simulation time

iterationLimit = 5000

directive to license manager:

vhdl Immediately reserve a VHDL license

vlog Immediately reserve a verilog license

plus Immediately reserve a VHDL and Verilog license

nomgc do not look for mentor graphics licenses

nomti do not look for model technology licenses

noqueue do not wait in the license queue when a license isn't available

license = plus

stop the simulator after an assertion message

0 = note 1 = warning 2 = error 3 = failure 4 = fatal

breakonassertion = 3

assertion message format

%S − severity level

%R − report message

%T − time of assertion

%D − delta

%I − instance or region pathname (if available)

%% − print '%' character

assertionFormat = " ∗ ∗ %S:%R\n Timf:%T Iteration:%D%I\n"

assertion File − alternate file for storing assertion messages

assertFile = assert. log

default radix for all windows and commands...

set to symbolic, ascii, binary, octal, decimal, hex, unsigned

defaultRadix = symbolic

vsim startup command

startup = do startup. do

file for saving command transcript

transcriptFile = transcript

file for saving command history

commandhistory = cmdhist. log

specify whether paths in simulator commands should be described

in VHDL or verilog format. For VHDL, pathseparator = ／

for verilog, pathSeparator = .

pathSeparator = ／

specify the dataset separator for fully rooted contexts.

the default is ':'. For example, sim:／top

must not be the same character as PathSeparator.

datasetSeparator = :

disable assertion messages

ignorenote = 1

ignorewarning = 1

ignoreerror = 1

ignorefailure = 1

default force kind. may be freeze, drive, or deposit

or in other terms, fixed, wired or charged.

defaultForceKind = freeze

if zero, open files when elaborated

else open files on first read or write

delayfileopen = 0

control VHDL files opened for write

0 = Buffered, 1 = unbuffered

unbufferedoutput = 0

control number of VHDL files open concurrently

this number should always be less then the

current ulimit setting for max file descriptors

0 = unlimited

concurrentFileLimit = 40

this controls the number of hierarchical regions displayed as

part of a signal name shown in the waveform window. the default

value or a value of zero tells vsim to display the full name.

wavesignalnamewidth = 0

turn off warnings from the std_logic_arith, std_logic_unsigned

and std_logic_signed packages.

stdArithnowarnings = 1

turn off warnings from the IEEE numeric_std and numeric_bit

packages.

numericstdnowarnings = 1

control the format of a generate statement label. don't quote it.

generateFormat = % s__% d

specify whether checkpoint files should be compressed.

the default is to be compressed.

checkpointcompressmode = 0

list of dynamically loaded objects for verilog pli applications

veriuser = veriuser. sl

5.3　Chipscope 实例教程

5.3.1　Chipscope 基础

（1）原理

Chipscope 可以理解为 FPGA 中的一个 IP 核,是一种在线调试用的,所以必须以硬件的连接为基础。在 FPGA 已经下载程序的情况下,添加关心的信号或者接口,将选定了的端口 Chipscope(不妨理解为一个嵌入的系统)加入到程序后重新布局布线下载到 FPGA 中,此时就可以观察信号和接口的值了。

注意:从图形上看,有点类似于 ModelSim 的仿真结果,但其本质区别在于 Chipscope 用的实际的信号波形,而 ModelSim 仅仅是仿真的结果。

（2）方法

一般,会按照信号的方向一步一步进行排查验证。

在下载程序之前如果已经在 ModelSim 中进行过充分的仿真,而下载到板子上之后程序运行结果没有达到预期时,可以先考虑将所有的输入输出结果用 Chipscope 抓出来观察对比,看能不能找到问题所在。如果输出结果没有达到预期,就采用按照信号传输方向排查的方法一步一步检查,如果输出结果和预期一致,应该考虑硬件的连接甚至设计是否出了问题,有时候要对总体方案进行重新评审[9]。

5.3.2　Chipscope 具体使用步骤

第一步:新建一个 Chipscope 文件,比如命名为 test。

第二步:双击打开 test. cdc 文件,进入 Core Insert 界面,选择需要观察的信号或者端口。

①一直按照默认的设置点 Next 直到出现 Trigger Width 时进行选择,表示一共需要选择的信号的位数;

②Data Depth 选项表示一步要采用的深度,可以理解为运行一次能抓到多少个单位的数据(时间单位一般是固定的,且与选择的时钟有关),同时采用可以选择时钟的上升沿或者下降沿(分别对应 Rising 和 Falling);

③Next 进入到时钟和信号的连接设置,点击 Modify Connections 即可进入设置界面;

④Clock Signals 表示需要采样的时钟信号,一般选择最高频率的那个时钟,而且尽量避免出现跨时钟域采样信号的情况;

⑤Trigger/Data Signals 表示需要采用的数据,在左侧选中后点击右侧的 Make Connections 即可,把所有关心的信号连接完后点 OK 返回到设置界面;

⑥此时,信号选择完毕,点 Return to Project Navigator 并在弹出是否保存的提示框中选择是,返回到 ISE 环境。

第三步:在返回的 ISE 环境中点击 Configure Target Device 重新布局布线并生成下载文件。下载文件和普通的下载方式一样,此处不再赘述。

第四步:在 Chipscope 中抓信号波形进行分析。

从 ISE 环境下双击 Analyze Design Using Chipscope 进入 Chipscope 环境,如图 5.36 所示。

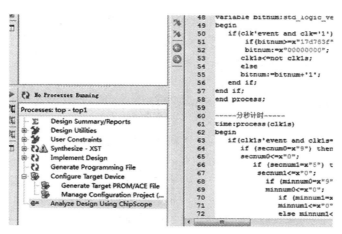

图 5.36   ISE 主界面

①点击常用工具栏里的初始 Tt 按钮,这时项目浏览器会列出边界扫描链上的器件,如图 5.37 所示。

图 5.37   Chipscope 环境界面

②如图 5.38 所示,在弹出的提示框中点 OK。

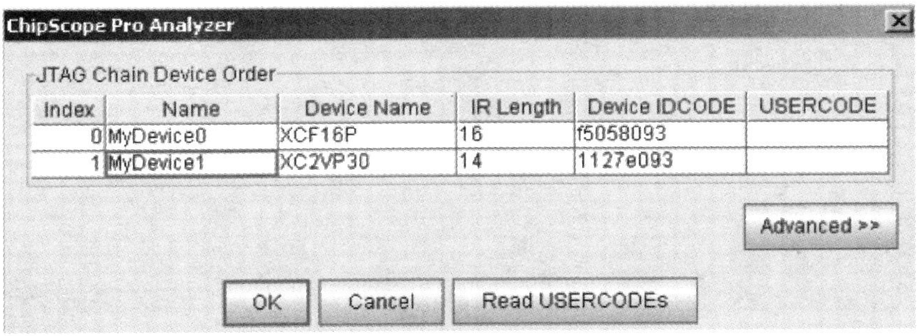

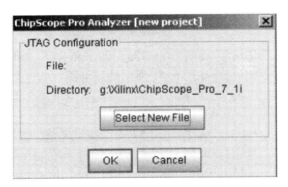

图 5.38　扫描到的设备

③如图 5.39,并在弹出的选项中选择 Configure,在弹出的对话框中选择 Select New File。

图 5.39　加载文件

双击对应目录下的 .bit 文件或者单击后点"打开",在返回的上图中点击 OK,然后等待下载的进度完成到 100% 时即表示下载成功。

④下载完成后,开始观察信号,先熟悉下界面。左侧的 Trigger Setup 表示触发设置。右下的三个选项分别表示如何设置,可以通过单击展开进行设置,一般情况下,比较关心的是 Match Functions。右上的三个图标分别表示 Run、Stop 和 Trigger Immediate,在设置好后直接点三角即可开始抓信号。

展开 Match 就会看到如下图 5.40 所示,对于某个信号的 Value 如果为 X 则表示任意值都会采样,如果为 1 则表示只有在高电平期间才会取样,而 R 和 F 则分别代表上升沿和下降沿抓取数据波形,通过这种灵活设置就可以抓取想要的波形。

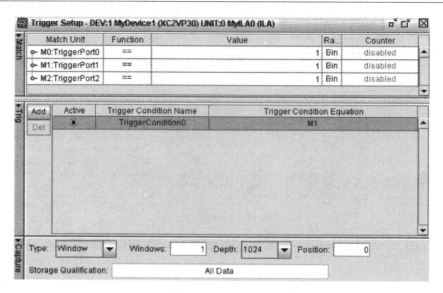

图 5.40　展开 Match

　　⑤将第二个信号设置为 1，再点击上面提到的三角标志，就进行了采样，选择左侧的 Waveform 就会在右下出现如图 5.41 所示的波形图。

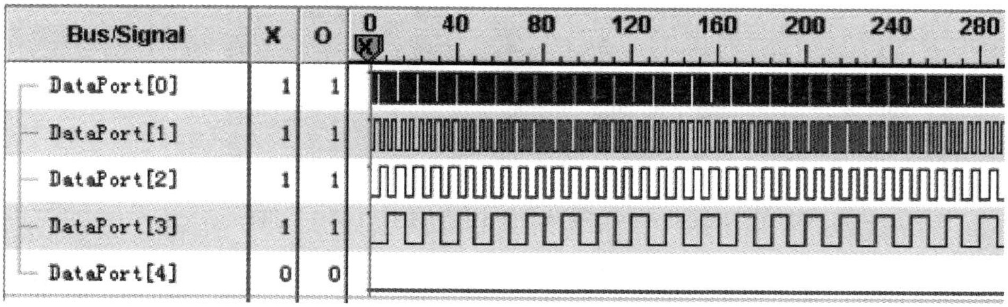

图 5.41　采样波形图

　　至此，已经完整地学习了一遍 Chipscope 抓波形的过程，如果需要继续分析其他波形，只需按照此流程重新设置一遍即可。

　　正如前面提到的一样，一般会先测输入输出信号，在输出正确的情况下就考虑其他的非 FPGA 设计因素引起的差错，如果输出错误，就考虑按照信号流的顺序，依次进行抓取分析。当然，在小规模的设计中可以一次把所有信号全加进来再依次分析，分析过程和 ModelSim 中的分析方法相似。

5.4　本章小结

本章是对常用开发软件的介绍,首先是 Xilinx ISE 使用教程,包括创建工程、功能仿真、综合、时序仿真、实现,以及下载调试。然后是 ModelSim 仿真工具的使用,包括菜单和工具栏介绍、ModelSim 具体使用步骤、ModelSim 的配置,以简单的例子讲述了 ModelSim 的仿真流程,以及使用 Testbench 和 Textio 对设计进行仿真的流程。适合初学者入门,较为深入的教程可以参阅软件的用户手册。再是 Chipscope 实例教程,包括 Chipscope 使用基础、Chipscope 具体使用步骤。

第6章　数字系统的实用设计技巧

6.1　时序电路设计技术及规则

6.1.1　设计可靠性

为了增加可编程逻辑器件电路工作的稳定性,一定要加强可编程逻辑器件设计的规范要求,要尽量采用同步电路设计。对于设计中的异步电路,要给出不能转换为同步设计的原因,并对该部分异步电路的工作可靠性(如时钟等信号上是否有毛刺,建立/保持时间是否满足要求等)做出分析判断,提供分析报告。

6.1.2　什么是竞争冒险

信号在通过连线和逻辑单元时,都有一定的延时。延时的大小与连线的长短和逻辑单元的数目有关,同时还受器件的制造工艺、工作电压、温度等条件的影响。信号的高低电平转换也需要一定的过渡时间。由于存在这两方面因素,多路信号的电平值会发生变化,在信号变化的瞬间,组合逻辑的输出有先后顺序,并不是同时变化,成为"竞争";往往导致出现一些不正确的尖峰信号,这些尖峰信号称为"毛刺"[10]。

如果一个组合逻辑电路中有"毛刺"出现,就说明该电路存在"冒险"。冒险是由变量的竞争引起的。冒险又分为逻辑冒险和功能冒险。简言之,在组合逻辑中,由于门的输入信号通路中经过了不同的延时,导致到达该门的时间不一致叫竞争,竞争产生冒险。

竞争冒险产生的根本原因:延迟。竞争冒险的产生受到四个要素的制约,即时间延迟、过渡时间、逻辑关系和延迟信号相位。

时间延迟:即信号在传输中受路径、器件等因素影响,输入端信号间出现的时间差异。

过渡时间:即脉冲信号状态不会发生突变,必须经历一段极短的过渡时间。

逻辑关系:即逻辑函数式。

延迟信号相位:即延迟信号状态间的相位关系,涵盖延迟信号同相位和延迟信号反相位两个方面。延迟信号状态变化相同的则是延迟信号同相位,反之则是反相位。

6.1.3 组合逻辑电路中的逻辑冒险

1. 代数法

在逻辑函数表达式中,若某个变量同时以原变量和反变量两种形式出现。例如:逻辑函数在一定条件下可简化,就具备了竞争条件。去掉其余变量(也就是将其余变量取固定值 0 或 1),留下有竞争能力的变量。此时,就会产生 0 型冒险(F 应该为 1 而实际却为 0)。

2. 卡诺图法

将函数填入卡诺图,按照函数表达式的形式圈好卡诺圈。$L = AC + \overline{BC}$ 的卡诺图(将 101 和 111 的 1 圈一起,010 和 110 的 1 圈一起),通过观察发现,这两个卡诺圈相切。则函数在相切处两值间跳变时发生逻辑冒险。如图 6.1 所示。

A\BC	00	01	11	10
0	0	0	0	1
1	0	1	1	1

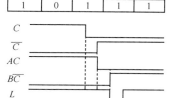

图 6.1 逻辑冒险

6.1.4 组合逻辑电路中的功能冒险

功能冒险是多个输入信号同时变化的瞬间,由于变化快慢不同而引起的冒险。

卡诺图法:依然用上面的卡诺图,按同样函数圈好。例如,ABC 从 111 变为 010 时,A 和 C 两个变量同时发生了跳变,若 A 先变化,则 ABC 的取值出现了过渡态 011,由卡诺图可以知道此时函数输出 F 为 0,然而 ABC 在变化前后的稳定状态输出值为 1,此时就出现了 0 型冒险。这种由过渡态引起的冒险是电路的功能所致,因此称为功能冒险。

常见的消去组合逻辑竞争冒险的方法:发现并消除互补变量,增加乘积项、避免互补项相加,输出端并联电容器。

6.1.5 时序分析基础

电路设计的难点在时序设计,而时序设计的实质就是满足每一个触发器的建立/保持时间的要求,如图 6.2 所示。

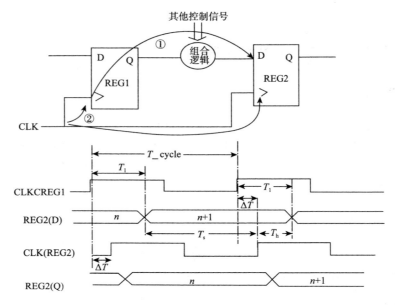

图 6.2　建立时间与保持时间

以 REG2 为例,假定:触发器的建立时间要求为 T_setup,保持时间要求为 T_hold,路径①延时为 T_1,路径②延时为 T_2,路径③延时为:T_3,时钟周期为 T_cycle,$T_s = (T\_cycle + \Delta T) - T_1$,$T_h = T_1 - \Delta T$。

令 $\Delta T = T_3 - T_2$,则

条件 1:如果 $T\_setup < T_s$,即 $T\_setup < (T\_cycle + \Delta T) - T_1$,这说明信号比时钟有效沿超过 T_setup 时间到达 REG2 的 D 端,满足建立时间要求。反之则不满足。

条件 2:如果 $T\_hold < T_h$,即 $T\_hold < T_1 - \Delta T$,说明在时钟有效沿到达之后,信号能维持足够长的时间,满足保持时间要求。反之则不满足。

从条件 1 和 2 可以看出,当 $\Delta T > 0$ 时,T_hold 受影响;当 $\Delta T < 0$ 时,T_setup 受影响。

如果我们采用的是严格的同步设计电路,即一个设计只有一个 CLK,并且来自时钟 PAD 或时钟 BUFF(全局时钟),则 ΔT 对电路的影响很小,几乎为 0;如果采用的是异步电路,设计中时钟满天飞,无法保证每一个时钟都来自强大的驱动 BUFF(非全局时钟),如图 6.3 所示,则 ΔT 影响较大,有时甚至超过人们想象。这就是为什么建议采用同步电路进行设计的重要原因之一。

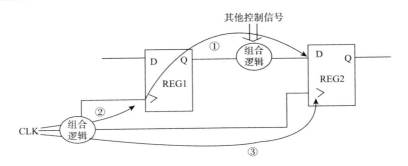

图 6.3　非同步时钟的寄存器

6.1.6　同步电路设计

同步电路的优越性：

(1)同步电路比较容易使用寄存器的异步复位/置位端,以使整个电路有一个确定的初始状态。

(2)在可编程逻辑器件中,使用同步电路可以避免器件受温度、电压、工艺的影响,易于消除电路的毛刺,使设计更可靠,单板更稳定。

(3)同步电路可以很容易地组织流水线,提高芯片的运行速度,设计容易实现。

(4)同步电路可以很好地利用先进的设计工具,如静态时序分析工具等,为设计者提供最大便利条件,便于电路错误分析,加快设计进度。

同步电路的设计规则：

(1)尽可能在整个设计中只使用一个主时钟,同时只使用同一个时钟沿,主时钟走全局时钟网络。

(2)在 FPGA 设计中,推荐所有输入、输出信号均应通过寄存器寄存,寄存器接口当作异步接口考虑。

(3)当全部电路不能用同步电路思想设计时,即需要多个时钟来实现,则可以将全部电路分成若干局部同步电路(尽量以同一个时钟)为一个模块的部分,同步电路之间接口当作异步接口考虑。

(4)当必须采用多个时钟设计时,每个时钟信号的时钟偏差要严格控制。

(5)电路的实际最高工作频率不应大于理论最高工作频率,留有设计余量,保证芯片可靠工作。

(6)电路中所有寄存器、状态机在单板上电复位时应处在一个已知的状态。

6.1.7　异步设计中常见问题及其解决方法

异步电路设计主要体现在时钟的使用上,如使用组合逻辑时钟、级连时钟和多时钟网络;另外还有采用异步置位、复位、自清零、自复位等。这些异步电路的大量存在,一是增加设计难度,二是在出现错误时,电路分析比较困难,有时会严重影响设计进度。

很多异步设计都可以转化为同步设计,对于可以转化的逻辑必须转化,不能转化的逻辑应将异步的部分减到最小,而其前后级仍然应该采用同步设计。下面给出一些异步逻辑转化为同步逻辑的方法。

1. 多时钟的同步化

在设计中,经常预见这种情况:一个控制信号来自其他芯片(或者芯片其他模块),该信号相对本电路来讲是异步的,即来自不同的时钟源。其模型如图 6.4 所示。

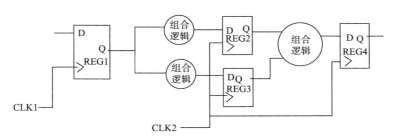

图 6.4　系统中常见的时钟模型

在图中,CLK1 与 CLK2 来自不同的时钟源,该电路即可能出现在同一芯片里,又可能出现在不同芯片里。但效果是一样的,即存在危险性:由于时钟源不同,对 REG2 和 REG3 来讲,在同一时刻,一个"认为"REG1 的输出是"1",另一个认为是"0"。这必定造成电路判断出现混乱,导致出错。这种错误的实质是内部其他电路对输入控制信号(也可认为是状态信号)认识不一致,导致不同的电路进入不同的状态。正确的做法是在 REG1 之后再加一个触发器,用 CLK2 的时钟沿去采,然后用该触发器的输出参与其后同步电路"活动"。如图 6.5 所示。

如果输入信号是两根以上信号线,如图 6.6 所示,则该处理方法不准确。应引入专门的同步调整电路或其他特殊处理电路。在设计时,会对总线数据进行同步调整,却往往忽略了对一组控制信号进行同步调整。

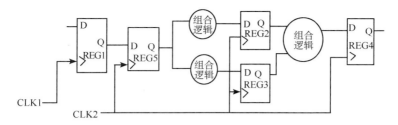

图 6.5　改进后系统电路

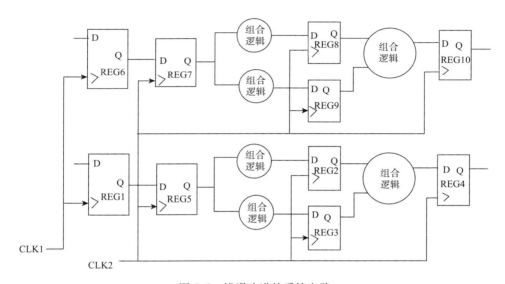

图 6.6　错误改进的系统电路

2. 不规则的计数器

如图 6.7 所示,这是一个模 53 计数器,采用计到 53 后产生异步复位的办法实现清 0,产生毛刺是必然的。然而,最严重的是,当计数器所有 bit 或相关 bit 均在翻转时,电路有可能出错,例如:计数器从"110011"→"110100",由于电路延时的原因,中间会出现"110101"状态,导致计数器误清 0。

采用同步清 0 的办法,不仅可以有效地消除毛刺,而且能避免计数器误清 0。电路如图 6.8 所示。

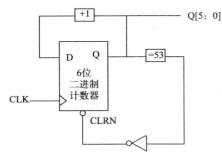

图 6.7　模 53 计数器

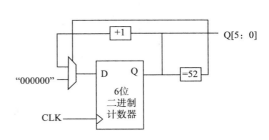

图 6.8　改进后的模 53 计数器

3. RS 触发器

如图 6.9 所示的一种 RS 触发器是一种危险的触发器,R = S = 1 会导致不稳定态,初始状态也不确定。在设计时尽量避免采用这种电路,或用其他电路改进。设计时最好从系统的角度来考虑,实现电路的功能,建议使用用 VHDL 直接描述所需要的设计。这样做,既安全,又具有极大的灵活性。

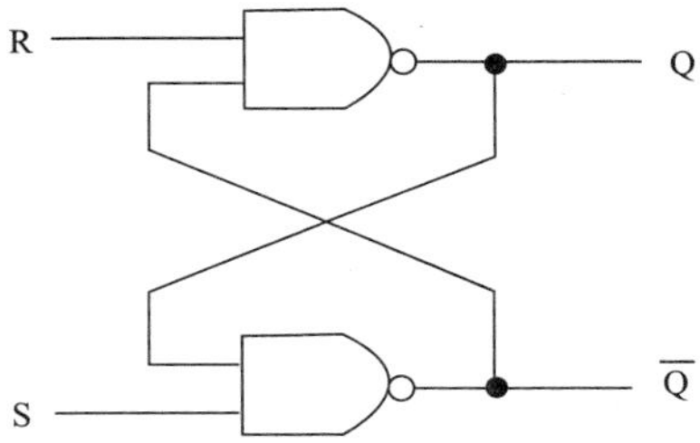

图 6.9　RS 触发器

```
process( nreset,clk)
begin
if( nreset ='0') then
    rs ⇐'0';
elsif ( clk ='1' and clk'event) then
    case ( r&s) is
        when"00" ⇒ rs ⇐ rs;
        when"01" ⇒ rs ⇐'1';
        when"10" ⇒ rs ⇐'0';
        when"11" ⇒  ——这里可以自定义 r = s = 1 的行为
        when others ⇒ rs ⇐'0';
    end case;
end if;
end precess;
```

4. 对计数器的译码

如图 6.10 所示,对计数器译码,可能由于竞争冒险产生毛刺。如果后级采用了同步电路,则完全可以对此不予理会。如果对毛刺要求较高,推荐采用 Gray 编码(PLD)或 One-hot 编码(FPGA)的计数器,一般不要采用二进制码。具体描述中,可以用状态机来描述,而利用逻辑综合工具来编码,有经验的则可以自己强制定义状态机的编码。

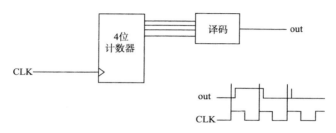

图 6.10　计数器译码产生的毛刺

5. 门控时钟

如图 6.11 所示,门控时钟是非常危险的,极易产生毛刺,使逻辑误动作。在可编程逻辑器件中,一般使用触发器的时钟使能端,而这样,并不增加资源,只要保证建立时间,可使毛刺不起作用。改进后的电路如图 6.12 所示。

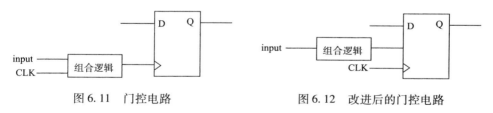

图 6.11　门控电路　　　　　　图 6.12　改进后的门控电路

6. 锁存器

如图 6.13 所示,锁存器是较危险的电路,没有确定的初始状态,输出随输入变化,这意味着毛刺可以通过锁存器。若该电路与其他 D 触发器电路相连,则会影响这些触发器的建立保持时间。除非有专用电路特别需要(其实总线锁存之类的功能用 373 之类的小规模 IC 更好),在设计内部,不要使用锁存器,如图 6.14 所示。

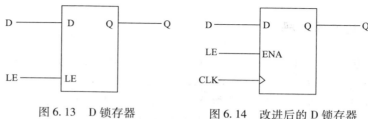

图 6.13　D 锁存器　　　　　　图 6.14　改进后的 D 锁存器

　　总之,任何数字设计,为了成功地操作,时钟是关键。设计不良的时钟在极限的温度、电压或制造工艺的偏差下将导致错误的行为,而设计良好的时钟应用,则是整个数字系统长期稳定工作的基础。

　　对于一个设计项目来说,全局时钟(或同步时钟)是最简单和最可预测的时钟,在真正的同步系统情况下,由输入引脚驱动的单个主时钟去钟控设计项目中的每一个触发器。几乎所有的可编程逻辑器件中都有专用的全局信号引脚,它的特殊布线方式可以直接连到器件中的每一个寄存器。只要保证输入数据的建立和保持时间满足要求(相应可编程器件的数据手册中可查到),整个同步系统就可以在全局时钟的驱动下可靠工作,所以在可能的情况下,一定要使用全局时钟。

6.2　速度与面积问题

　　在设计过程中,经常遇到速度或面积问题:在功能基本正确之后,设计要么速度不满足要求,要么面积太大或者两者都不满足设计要求,经常在速度和面积上花费大量的时间。

　　本节着重从速度和面积角度出发,考虑如何编写代码或设计电路以获得最佳的效果。但是,有些方法是以牺牲面积来换取速度,而有些方法是以牺牲速度来换取面积,也有些方法可同时获得速度和面积的好处。具体如何操作,应当依据实际情况而定。

　　速度和面积的处理,实际是对电路结构的处理,即如何获得最优的电路结构。可以在高抽象层次对电路的结构进行科学构造,如:算法的优化,这样可以提升电路综合后的性能。综合工具并不总能导出电路的详细结构。如果设计者能提供附加的结构信息,能帮助综合工具生成更高效的电路。

　　处理速度与面积问题的一个原则:是向关键路径(部分)要时间,向非关键路径(部分)要面积。为了获得更高的速度,应当尽量减少关键路径上的逻辑级数;为了获得更小的面积,应当尽量共享已有的逻辑电路。

6.2.1　if 语句和 case 语句:速度与面积的关系

if 语句指定了一个优先级编码逻辑,而 case 语句生成的逻辑是并行的,不具有优先级。if 语句可以包含一套不同的表达式,而 case 语句比较的是一个公共的控制表达式。通常,case 结构速度较快,但占用面积较大,所以用 case 语句实现对速度要求较高的编解码电路。if-else 结构速度较慢,但占用的面积小,如果对速度没有特殊要求,而对面积有较高要求,则可用 if-else 语句完成编解码。不正确的使用嵌套的 if 语句会导致设计需要更大的延时。为了避免较大的路径延时,不要使用特别长的嵌套 if 结构。用 if 语句实现对延时要求苛刻的路径(speed-critical paths)时,应将最高优先级给最迟到达的关键信号(critical signal)[11]。有时,为了兼顾面积和速度,可以将 if 和 case 语句合用。

if-then-else 适于完成优先级编码,此时应将最高优先级给关键信号(critical signal),在下面的例中关键信号为 in[0]。

例:用 if-then-else 完成八 - 三优先编码器。

```
process( i )
    begin
    gs ⇐ '1';
a ⇐ "100";
    if i( 7 ) = '1' then
    a ⇐ "111";
elsif i( 6 ) = '1' then
    a ⇐ "110";
elsif i( 5 ) = '1' then
    a ⇐ "101";
elsif i( 4 ) = '1' then
    a ⇐ "100";
elsif i( 3 ) = '1' then
    a ⇐ "011";
elsif i( 2 ) = '1' then
    a ⇐ "010";
elsif i( 1 ) = '1' then
    a ⇐ "001";
elsif i( 0 ) = '1' then
    a ⇐ "000";
```

end if;

end process;

下面的例子是用 case 语句完成 8 选 1 多路选择器的 VHDL 实例。在大多数 FP-GA 结构中能够在单个 CLB 中完成一个四 – 二编码器, Virtex 可以在单个 CLB 中完成一个八 – 三编码器。而用 if-else 语句需要多个 CLB 才能完成相同功能。因此, case 语句生成的设计速度更快延时更小。

例:用 case—when 语句完成八 – 三编码器。

```
process(i)
begin
case i is
when "10000000" ⇒ dataout ⇐ "111";
when "01000000" ⇒ dataout ⇐ "110";
when "00100000" ⇒ dataout ⇐ "101";
when "00010000" ⇒ dataout ⇐ "100";
when "00001000" ⇒ dataout ⇐ "011";
when "00000100" ⇒ dataout ⇐ "010";
when "00000010" ⇒ dataout ⇐ "001";
when "00000001" ⇒ dataout ⇐ "000";
when others ⇒ dataout ⇐ "ZZZ";
end case;
nd process;
```

6.2.2　减少关键路径的逻辑级数

在 FPGA 中, 关键路径(critical path)上的每一级逻辑都会增加延时。为了保证能满足定时约束, 就必须在对设计的行为进行描述时考虑逻辑的级数。减少关键路径延时的常用方法是给最迟到达的信号最高的优先级, 这样能减少关键路径的逻辑级数。下面的实例描述了如何减少关键路径上的逻辑级数。

例:此例中 critical 信号经过了 2 级逻辑, 其 RTL 电路如图 6.15 所示。

```
if( clk'event and clk ='1') then
    if( non_critical ='1' and critical ='1') then
        out1 ⇐ in1;
    else
        out1 ⇐ in2;
    end if;
```

end if;

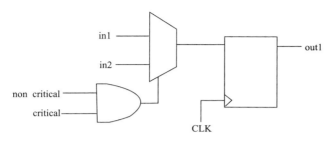

图 6.15　2 级逻辑的电路

　　为了减少 critical 路径的逻辑级数,将电路修改如下,critical 信号只经过了一级逻辑。如图 6.16 所示。

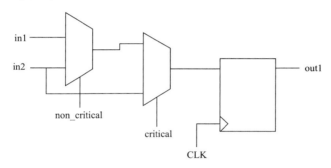

图 6.16　一级逻辑的电路

signal out_temp:std_logic;
process(non_critical,in1,in2)
Begin
if(non_critical ='1')then
　　　out_temp ⇐ in1;
else
　　　out_temp ⇐ in2;
end if;
end process;
process(clk)
Begin
　　if(clk'event and clk ='1')then
　　　　if(critical ='1')then

```
        out1  ⇐ out_temp;
    else
        out1  ⇐ in2;
    end if;
end if;
end process;
```

6.2.3　资源共享

1. if 语句

资源共享能够减少 HDL 设计所用逻辑模块的数量。否则,每个 HDL 描述都要建立一套独立的电路。下面的 VHDL 实例说明如何使用资源共享来减少逻辑模块的数量。

例:没有利用资源共享时用了 2 个加法器实现,其 RTL 电路如图 6.17 所示。

```
    if( select = '1') then
        sum  ⇐ A + B;
    else
        sum  ⇐ C + D;
    end if;
```

加法器要占用宝贵的资源。利用资源共享,修改代码如下,只用 2 个选择器和 1 个加法器实现,减少了资源占用,其 RTL 电路如图 6.18 所示。

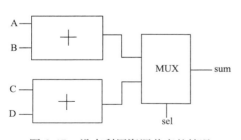

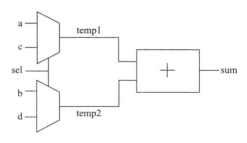

图 6.17　没有利用资源共享的情况　　　　　图 6.18　资源共享的情况

```
    if( sel = '1') then
        temp1  ⇐ A;
        temp2  ⇐ B;
    else
        temp1  ⇐ C;
```

　　　　　temp2 ⇐ D;
　　　end if;
　　sum ⇐ temp1 + temp2;

2. loop 语句

　　与选择器相比,运算符占用更多的资源。如果在循环语句中有一个运算符,综合工具必须对所有的条件求值。下面的 VHDL 实例,综合工具用 4 个加法器和一个选择器实现。只有当"req"信号为关键信号时,才建议采用这种方法。

　　例:设计一个加法器,其 RTL 电路如图 6.19 所示。

```
for i in 0 to 3 loop
    if( req( i) ='1') then
        sum ⇐ vsum + offset( i);
    end if;
end loop;
```

　　如果"req"信号不是关键信号,运算符应当移到循环语句的外部。这样在执行加法运算前,综合工具可以对数据信号进行选择。修改代码如下,用一个多路选择器和一个加法器即可实现。其 RTL 电路如图 6.20 所示。

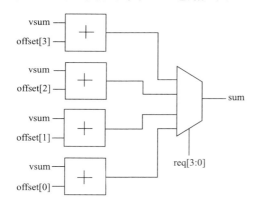

图 6.19　没有利用资源共享的情况

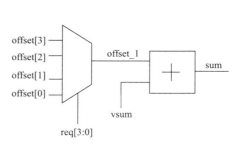

图 6.20　资源共享的情况

```
for i in 0 to 3 loop
    if( req( i) ='1') then
        offset_1 ⇐ offset( i);
    end if;
end loop;
    sum ⇐ vsum + offset_1;
```

6.3　Xilinx FPGA 的专用 HDL 开发技巧

专用代码风格是指从 FPGA 器件特征角度考虑,尽可能利用芯片结构及内嵌的底层宏单元,以取得最佳的综合和实现效果。对于同一个设计,使用适合于 FPGA 体系结构特点的优化设计方法,可以大大提高芯片利用率和设计实现速度。

6.3.1　Xilinx FPGA 的体系结构特点

Xilinx FPGA 芯片的三种可构造单元是:①可编程输入、输出块 IOB,主要为逻辑阵列与外部芯片引脚之间提供一个可编程接口;②可编程逻辑块 CLB,CLB 主要由一个组合逻辑、几个触发器、若干个多选一电路和控制单元组成,若干个 CLB 有规则地组成 FPGA 逻辑单元阵列结构,以完成用户指定的逻辑功能;③各种连线资源,包括可编程的开关矩阵,内部连接点和金属线。它们位于芯片内部的逻辑块之间,经编程后形成连线网络,以连接芯片内的逻辑块及传递逻辑信息。优秀的设计应在芯片架构的基础上,合理使用组合逻辑、触发器以及块 RAM 等内迁硬核单元。

组合逻辑功能通过用户可编程的查找表实现。查找表是由静态存储器构成函数发生器,在此基础上再增加触发器来形成的,它是既可实现组合逻辑功能又可实现时序逻辑功能的基本逻辑单元电路。SRL16 是 Xilinx 器件中独有的一种移位寄存器查找表,有 4 个输入用来选择输出序列的长度,能够以极少的硬件资源实现数据缓存和组合逻辑。

每个 CLB 中包含两个触发器,CLB 的组合逻辑功能较少,触发器资源十分丰富。每个 CLB 中包含一个高速进位逻辑。专用进位电路速度远远大于采用传统的加速方法所能增加的速度。算术进位逻辑为有关算术运算中许多新的应用问题提供了有效的解决途径;同时,Xilinx 提供了片上 RAM,特别是大量块 RAM,可以配置成双口 RAM 或 ROM,存储量大、速度快,且不占用逻辑资源,在设计实现中有着广泛的应用;内嵌的宏单元包括硬核乘加器、硬核处理器、数字时钟处理模块以及高速串行接口,处理能力强,处理能力为片上最高,且不存在时序问题。如果合理地利用宏单元,可达到事半功倍的效果。

6.3.2　Xilinx FPGA 芯片专用代码风格

1. 时钟信号的分配策略

时钟分配网络是 FPGA 芯片中的特殊布线资源,由特定的引脚和特定的驱动器驱动,只能驱动芯片上触发器的时钟输入端或除了时钟输入端外有限的一些负载,其目的是为设计提供小延迟偏差和扭曲可忽略的时钟信号。

首先,使用全局时钟,可为信号提供最短的延时和可忽略的扭曲。全局网线由全局缓冲器 BUFG 来驱动,使用 BUFG 时,时钟信号经 BUFG 驱动后通过长线同时接到每个触发器的时钟端,减少传输延迟。如不使用 BUFG,时钟信号按一般布线连接到不同 CLB,时钟信号到达各触发器的延迟不一致,使同步时序电路出现不同步的现象。

其次,FPGA 特别适合于同步电路设计,尽可能减少使用的时钟信号种类。如 TTL 电路设计中,经常采用的由组合逻辑生成多个时钟分别驱动多个触发器的设计方法对 FPGA 的设计不适用。因为这样做使得时钟种类很多,不能利用专用的时钟驱动器和专用的时钟布线资源,时钟信号只能由通用的布线资源拼凑而成,各个负载点上的时钟延迟偏差很大,会引起数据保持时间问题,降低工作速度。

第三,减小时钟摆率的另一种更有效方法是使用一个时钟信号,生成多个时钟使能信号,分别驱动触发器的时钟使能端,所有触发器的数据装入都由同一个时钟控制,但只有时钟使能信号有效的触发器才会装入数据,时钟使能信号无效的触发器则保持数据。这种方法充分发挥了 FPGA 器件体系结构的优势。

图 6.21 所示电路为分频器的一般设计和优化设计的对比。两种设计方法相比较,图 6.21a 电路使用两个全局缓冲,实现两个触发器的异步控制。图 6.21b 电路将异步控制转化为同步控制,只占用一个全局缓冲,利用时钟使能信号 CE 控制触发器的动作。因此图 6.21b 电路占用更少的全局时钟资源,而且使用一种时钟信号更利用同步控制和减小时钟摆率。

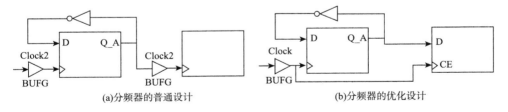

(a)分频器的普通设计　　　　　　(b)分频器的优化设计

图 6.21　分频器的两种设计电路的设计

第四,要避免时钟信号毛刺。由图 6.22a 所示电路可知,当二进制计数器从 0111 向 1000 变化时,必然会出现一个 1111 的过渡过程,D 触发器的时钟就会产生毛刺,毛刺出现的时间很短,但对于高速处理来讲,足以使触发器误动作。图 6.22b 所示电路就是使用同步时钟,并使用时钟使能 CE 端避免时钟信号毛刺的设计电路。

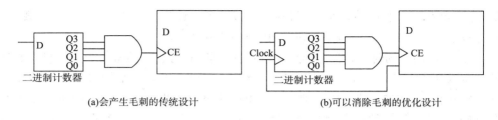

(a)会产生毛刺的传统设计　　　　　　　　　(b)可以消除毛刺的优化设计

图 6.22　分频器的两种设计电路的设计

2. 触发器资源的分配技术

由于 FPGA 是一种触发器密集型可编程器件,因此系统的逻辑设计就应该充分利用触发器资源,尽可能降低每个组合逻辑操作的复杂度。

首先,应尽量使用库中的触发器资源。因为 FPGA 触发器资源丰富,而且开发系统在划分逻辑块时,对 D 触发器等元件直接利用 CLB 中的触发器,而对自建触发器则认为是组合电路,需要使用 CLB 中的组合逻辑电路构成,这样既占用更多的 CLB,又浪费了 CLB 的触发器资源。将两种方法进行比较,每使用一个自建 D 触发器比使用库中 D 触发器的电路多占用二至三个 CLB。

其次,在设计状态机时,应该尽量使用 ONE-HOT 状态编码方案,不用二进制状态编码方案。ONE-HOT 状态编码方案是表示每个状态由 1 位触发器来表示,而二进制状态编码方案是用 LgN/Lg2 位触发器来表示 N 个状态。由于二进制状态编码的稳定度较低,ONE-HOT 状态编码方案对于触发器资源丰富的 FPGA 芯片十分适用。

3. 信号反相的处理策略

在处理反相信号时,设计应尽可能地遵从分散反相原则。即应使用多个反相器分别反相,每个反相器驱动一个负载,这个原则无论对时钟信号还是对其他信号都是适用的。因为在 FPGA 设计中,反相是被吸收到 CLB 或 IOB 中的,使用多个反相器并不占用更多的资源,而使用一个反相器将信号反相后驱动多个负载却往往会多占资源,而且延迟也增加了。

首先,如果输入信号需要反相,则应尽可能地调用输入带反相功能的符号,而不是用分离的反相器对输入信号进行反相,例如,如图 6.23 所示电路是对逻辑的两种设计电路。两者对比,最优的方案为采用如图 6.23b 所示电路,即直接调用 AND2B1,而不要用如图 6.23a 所示的电路,用分离的非门对输入信号 C 反相后,再连接到 AND3 的输入。因为在前一种作法中,由于函数发生器用查表方式实现逻辑,C 的反相操作是不占资源的,也没有额外延迟;而后一种作法中,C 的反相操作与

AND3 操作可能会被分割到不同的逻辑单元中实现,从而消耗额外的资源,增加额外的延迟。

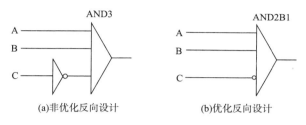

图 6.23　两种反相设计电路比较

其次,如果一个信号反相后驱动了多个负载,则应将反相功能分散到各个负载中实现,如图 6.24b 所示。而不能采用传统 TTL 电路设计,采用集中反相驱动多个负载来减少所用的器件的数量,如图 6.24a 所示。因为在 FPGA 设计中,集中反相驱动多个负载往往会多占一个逻辑块或半个逻辑块,而且延迟也增加了。分散信号的反相往往可以与其他逻辑在同一单元内完成而不消耗额外的逻辑资源。

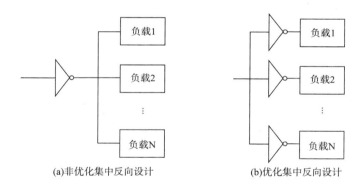

图 6.24　两种反相设计电路比较

6.4　ISE 与 EDK 开发技巧之时序篇

一个 FPGA 设计项目需要用哪些评判标准来检验?
　　①功能正确;
　　②时序收敛;
　　③资源消耗少。
时序收敛,即 Timing Closure,意思是使设计的各项时序指标能满足设计前所制定要求。因此,整个过程分为两部分:制定时序要求,满足时序要求。

制定时序要求通常是由整个系统电路的外部环境来决定的,比如,整个电路系统提供给 FPGA 的时钟速度为多快;FPGA 输入数据是同步信号还是异步信号及它的频率;FPGA 输出数据所需的频率;输入/输出数据与时钟的相位关系,总结以上各种需求情况,得出 FPGA 芯片对外的三种时序约束。

①Period(时钟周期约束):约束用同一时钟驱动的寄存器(或同步器件)所能使用的最低时钟频率来保证 FPGA 内部同步信号的采样时间与保持时间。

②Offset:约束用时钟采样数据(offset in)或用时钟打出数据(offset out)时时钟与数据的相位差来保证 FPGA 采样数据的建立时间与下一级芯片得到数据的采样时间。

③Pad to Pad:当输入数据进入 FPGA 后没有经过任何同步器件(即由时钟驱动的器件如寄存器、BRAM 等),只经过组合逻辑后就输出片外时,Pad to Pad 的 From…To…约束用以保证内部的延迟时间。

有了以上三种约束类型,就可以描述外界的任何可能条件,并清楚的对最终设计需要满足的时序要求做出说明,FPGA 实现工具就会依据此要求进行布局布线,并试图满足要求。Xilinx 有许多文档对怎样书写时序约束进行了说明。在此要强调的一点是:时序约束首先是对外界环境的一个反映,其次才是对布局布线工具的要求。时序约束向工具说明上游器件所给的信号是怎样的,下游器件又要求怎样的输入,FPGA 实现工具才好依照此标准来综合、布局、布线,时序收敛的设计才可能在真正的电路环境中正常工作。

这里有一个误区需要澄清:多数人认为 Timing 约束是写在 UCF 文件中的,其实 UCF 中的 Timing 约束只有在布局布线过程中才起作用。为了达到最好的时序性能,我们应该从综合开始就使用约束。不管是 XilinxXST,还是 Synplify 或者其他综合工具都可以添加时序约束。在综合过程就添加时序约束可以使综合器努力综合出合适的网表,这样在布局布线时就更容易满足时序要求了。

设计时序不收敛通常有以下的现象:

①par 报告布线完成,但是有 timing error;

②par 报告由于不可能达到时序收敛而停止布局布线;

③Timing Analyzer 报告显示设计的 timing score 不为 0;

④实际电路板上给定时钟速率 FPGA 工作不正常,降低时钟速率 FPGA 工作正常。

如果降低时钟速率能让 FPGA 工作正常,而 Timing 报告又没有显示时序错误,那么有足够的理由怀疑时序约束没有完全约束到所有片内路径,需要仔细研究并完整约束整个设计。

那么设计中的 Timing Error 我们该怎么解决呢?

最简单的,让工具解决:把 map、par 等工具的 effor level 提到最高,但通常情况下对结果的提升是不明显的。我们需要有选择地针对不同的情况使用不同的方法。以下来分析几种常见的情况:

①Timing 报告显示某一段 net 走线延时特别长

通过在 FPGA Cross Probing 中找到这根 net。如果输入输出距离的确比较长,那么是由于 Place 问题造成的,要解决 Place 问题,需要检查为什么工具会把两个 LUT/FF 放得那么远,是相关的逻辑布局问题,还是因为引脚锁定导致无法移动逻辑的问题。常用的解决方法可以对前级寄存器做复制寄存器的操作;如果是因为输入/输出端连接的寄存器被 Pack 到 IOB 中导致寄存器无法移动,那么可以使用IOB = false 约束将寄存器放在 Slice Logic 中。

②Timing 报告显示逻辑层次比较多,而这些层次中没有延时特别长的

如果是 LUT 到 LUT 的层次太多,那么可以先使用 XST 的 register balancing 功能。如果还是无法满足,可能需要手动调整组合逻辑,在中间插一级寄存器,并修改其他相关的代码,使得相关数据的 latency 一致;如果是进位链太长,那么就要考虑使用两个小一点的计数器/加法器级联。当考虑到进位逻辑是纵向排列的,当超出一列时,进位会导致延时变长很多时,更需要注意进位链的长度。

③Hold Violation

Hold Violation 通常都是由 Gated Clock 引起。检查设计中没有使用门控时钟。门控时钟通常会由计数器分频产生。尽量都使用 FPGA 提供的时钟资源,尽量使用 DCM 做 deskew。

④Offset 约束不满足

首先必须保证 offset 写的是正确的。然后保证输入/输出数据一进 FPGA 就用寄存器打一拍,中间不要加组合逻辑。寄存器 Pack 到 IOB 中能最大限度得保证 Offset 约束被满足。同理,如上所述,不把寄存器放在 IOB 中将有利于 Period 约束。如果还是满足不了,可能需要调整一下时钟和数据的相位。可以使用 DCM Phase Shift 调整时钟相位或 IDELAY 调整数据相位。

在制定 Pinout 时可以有意地将一组总线按内部 IOB 的位置排列,低有效位在下方,高有效位在上方,而不是按外部 Pinout 的位置排列。如果以上方法都已经使用并且离目标还差一点点,那么可以试图使用工具的某些属性,比如:map-Timing Driven Packing, Effort Level, Extra Effort, Global Optimization, Allow Logic Opti- mizeAcross Hierarchy, Combinational Logic Optimization, Cost Table par-Effort Level, Extra Effort.

也可以使用 MPPR 或 Xplorer 跑多次实现挑最好的结果。如果所有的尝试都无法满足先前制定的时序目标,那么可能是时候重新考虑一下目标是否合理了。

6.5　如何克服 FPGA I/O 引脚分配挑战

对于需要在 PCB 板上使用大规模 FPGA 器件的设计人员来说,I/O 引脚分配是必须面对的众多挑战之一。由于众多原因,许多设计人员发表为大型 FPGA 器件和高级 BGA 封装确定 I/O 引脚配置或布局方案越来越困难。但是组合运用多种智能 I/O 规划工具,能够使引脚分配过程变得更轻松。

在 PCB 上定义 FPGA 器件的 I/O 引脚布局是一项艰巨的设计挑战,既可能帮助设计快速完成,也有可能造成设计失败。在此过程中必须平衡 FPGA 和 PCB 两方面的要求,同时还要并行完成两者的设计。如果仅仅针对 PCB 或 FPGA 进行引脚布局优化,那么可能在另一方面引起设计问题。

为了解引脚分配所引起的后果,需要以可视化形式显示出 PCB 布局和 FPGA 物理器件引脚,以及内部 FPGA I/O 点和相关资源。不幸的是,到今天为止还没有单个工具或方法能够同时满足所有这些协同设计需求。然而,可以结合不同的技术和策略来优化引脚规划流程并积极采用 Xilinx PinAhead 技术等新协同设计工具来发展出一套有效的引脚分配和布局方法。Xilinx 公司在 ISE 软件设计套件 14.4 版中包含了 PinAhead。

Xilinx 公司开发了一种规则驱动的方法。首先根据 PCB 和 FPGA 设计要求定义一套初始引脚布局,这样利用与最终版本非常接近的引脚布局设计小组就可以尽可能早地开始各自的设计流程。如果在设计流程的后期由于 PCB 布线或内部 FPGA 性能问题而需要进行调整,再采用这一方法时这些问题通常也已经局部化了,只需要在 PCB 或 FPGA 设计中进行很小的设计修改。

步骤一:评估设计参数。

那么,从哪里开始呢?首先应当尽早制定 I/O 分配策略。但没有优化工具或完整的网表,完成这一任务可能很困难。

首先,让我们先回答几个问题来确定 PCB 物理参数和限制:PCB 板有几层、走线宽度以及过孔尺寸多大? PCB 参数对可使用的 FPGA 封装类型(如 BGA)有限制吗? PCB 上有没有 FPGA 必须使用的固定接口位置? 其他芯片、连接器或布局限制? 哪些高速接口需要特别关注? 能否将布局策略可视化,从而保证最短互连? 你会发现画一张 PCB 布局图很有帮助。PCB 布局图上应当包括所有主要元器件,以及关键接口和总线,从而可以帮助确定最佳的 FPGA 引脚分配。请注意将元器件画在 PCB 板的实际安装面上。标注出需要特别关注的接口,如高速总线和差分对,如图 6.25 所示。

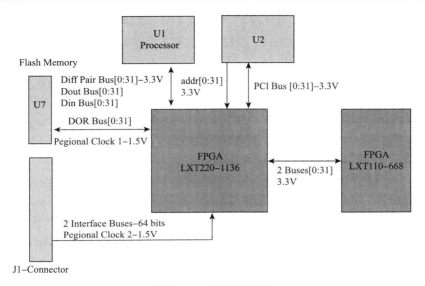

图 6.25 PCB 连接图

其次,检查 FPGA 器件的布局来了解芯片上的物理资源所在。列出设计中使用的不同电压和时钟,开始隔离设计需要的接口。然后确定设计是否使用特殊的 I/O 接口资源,如千兆收发器(GT)、BUFR、IODELAY 以及数字时钟管理器。这些资源可能需要将有关的 I/O 引脚部署得尽量互相靠近。

现在需要确定设计使用的 PowerPC、DSP48 和 RAM16 等 FPGA 资源的位置。将连接到 I/O 组的任何相关 I/O 尽量置于尽相关资源最近的地方。然后看一下能否将某些 I/O 信号组合到接口,这对于引脚分配很有帮助。最后,确定 FPGA 的配置模式。

步骤二:定义引脚布局要求。

一旦了解了主要的 FPGA 接口并创建了物理布局的原型,就可以定义引脚布局了。有些设计人员喜欢使用包含所有 I/O 信号数据表来保持与引脚的对应。可以按电压、时钟、接口或总线对它们进行分组。这一方法确实非常有用,因为它可帮助你将信号组合成组,从而在分配引脚时可以按组进行。这一阶段,还会发现为了实现最优 PCB 布线,有些关键接口必须置于器件的某个边,或者利用外部物理引脚。

在考虑到 FPGA 和 PCB 要求并确定了主要的接口位置以后,下一步是根据所有这些条件将引脚分配给 I/O 组。这也是真正开始工作的地方。在当前的设计流程中,引脚分配时一项耗费时间的任务,在解决任何性能和信号完整性问题的过程中可能会涉及许多尝试和错误。传统上,设计人员都是徒手画图来完成这项任务的,因为 EDA 和芯片供应商没有提供帮助设计人员将 FPGA 和 PCB 引脚布局可视化的工具。

但现在 Xilinx 公司提供了相应的工具。在 ISE Foundation 软件工具 10.1 版本中包含的 PlanAhead Lite 是 PlanAhead 设计、分析和平面布局工具的简化版。其中包括的针对 PCB 和 FPGA 设计的 PinAhead 的工具使得 I/O 引脚配置更为容易。这里不详细介绍该工具的所有细节，而只是看一下如何将其用于 I/O 引脚分配。

步骤三：利用 PinAhead 进行引脚分配。

PinAhead 环境提供了一组不同的视图。利用这些视图可以帮助完成 I/O 端口信息与物理封装引脚或裸片 I/O 盘（Pad）的对应和分配。PinAhead 的图形环境与 PlanAhead 类似，在器件视图中清晰地显示出芯片上的 I/O 盘和相关资源，并在封装视图中显示出物理器件引脚。视图同时显示出 I/O 端口和物理引脚信息，这样可以通过交叉选取来试探逻辑设计和物理器件资源的对应。

可以在没有设计网表的情况下使用 PinAhead 来尝试器件资源，或者直接开始 I/O 引脚规划流程。封装引脚视图（"Package Pins"view）根据器件数据表列出了器件封装技术参数，因此大多数情况下在进行引脚配置时都不再需要去参考器件数据手册。封装引脚视图以列表形式对 I/O 组（bank）进行了分类，因此可以同时在器件和封装视图中交叉选择和高亮显示 I/O 组。视频清晰显示出物理引脚位置和裸片中的 I/O 盘的关系，从而简化了 I/O 组的优化选择[12]。封装引脚视频还显示了 I/O 组中每一引脚的信息。

可以利用 PinAhead 接口从头开始创建 I/O 端口，也可以从 CSV 格式数据表、HDL 源文件头或综合后的网络和 UCF 格式约束文件中导入 I/O 端口。I/O 端口视图（I/O Ports view）显示出设计中定义的所有 I/O 端口信号，总线文件夹则显示分组的总线和差分对信号。

可以按不同方式对封装引脚和 I/O 端口视图进行排序。可以切换列表视图显示基于分类的列表或全部列表，或者点击鼠标对封装引脚视图进行排序，显示所有可用的全局时钟或地区时钟引脚。同时还可以将信息导出到 CSV 格式数据表，作为引脚配置的出发点。

PinAhead 还提供了一个界面，支持有选择地禁止 PinAhead 将 I/O 端口分配给某些 I/O 引脚、I/O 引脚组或 I/O 组。可以在封装引脚、器件或封装视图中选择和禁止引脚。例如，你可以对封装引脚视图（"Package Pins"View）排序并禁止所有 VREF 引脚。

PinAhead 允许将相关的 I/O 端口和总线组合为"接口"（interface）。这样组合使你可以将相关 I/O 端口作为单个实体处理，从而简化了 I/O 端口管理和分配任务。接口组合功能可以更容易地可视化显示和管理与特定逻辑接口相关联的所有信号。可方便地在设计间拷贝接口，或者利用接口组合生成特定接口的 PCB 原理图符号。组合后的接口在 I/O 口视图中以可扩展文件夹的形式出现，通过在视图中选择 I/O 端口并将其拖动到接口文件夹,可以将额外的 I/O 端口添加到接口组合中。

当创建 I/O 端口时,可将其分配到封装引脚或 I/O 盘(pad)。在此之前,最好先检查一下 I/O 端口的最初 PCB 互连草图并与 PCB 设计人员协商,了解布放不同 I/O 端口接口的相关位置和其他需考虑的因素。适当的总线顺序和边缘距离有 PCB 布线非常有帮助,可以大大节约设计时间。通过将单个引脚、总线和接口拖动到器件或封装视图,可以将它们分配到 I/O 引脚。利用不同的分配模式,可以将引脚组分配给选定的 I/O 引脚。可用的模式包括"Place I/O Ports in an I/O Bank""Place I/O Ports inArea"以及"Place I/O Ports Sequentially"。每种模式提供了将 I/O 端口分配到引脚的不同分配方式。利用这些模式,可以通过鼠标光标处弹出的窗口了解你所分配的端口数量信息。直到分配了所有选定 I/O 端口之前,这一模式一直保持。

器件视图(Device view)以图形方式显示所有时钟区域和时钟相关的逻辑对象,从而使时钟相关的 I/O 分配更容易、更直观。选择一个时钟区将会显示所有 I/O 组、时钟相关的资源以及与其相关的器件资源。PlanAhead 软件试图保证在引脚分配时始终符合规则。在指引下,PlanAhead 工具将差分以端口分配给适当的引脚对。当交互式指定 I/O 端口时,工具会运行规则检查(DRC)来保证布局是合乎规则的。工具缺省设置运行在交互 DRC 模式,当然也可以选择关闭这一模式。工具会检查电压冲突、VREF 引脚或 I/O 标准冲突,以及位于 GT 器件附近的噪声敏感引脚。当发现错误或问题时,工具会显示一条提示信息(Tooltip),告诉读者为什么不能够将某个 I/O 端口分配给特定的引脚。通过激活 PinAhead 的"Autoplace"命令,还可以让其自动分配所有或任何选择的 I/O 端口到封装引脚。Autoplace 命令将会遵守所有 I/O 标准和差分对规则,并正确部署全局时钟引脚。该命令还会尝试尽量将 I/O 端口组合为接口(Interface)。器件视图(Device View)以图形方式显示所有时钟区域和时钟相关的逻辑对象,从而使时钟相关的 I/O 分配更容易、更直观。选择一个时钟区将会显示所有 I/O 组、时钟相关的资源以及与其相关的器件资源。通过可用资源与其物理关系的探索,区域时钟规划过程变得更容易。

还可利用 PinAhead 布局设计中其他与 I/O 相关的逻辑,如 BUFG、BUFR、IODE-LAY、IDELAYCTRL 和 DCM。利用 PlanAhead 中的"Find"命令,可以方便地定位这些对象和布放点。要想有选择地察看扩展逻辑和逻辑连接,请使用工具中的原理图视图(Schematicview)。

通过在 PlanAhead 软件中的某个视图中选择特定的 I/O 相关逻辑并将其拖动到器件视图(Device view)中的选定位置,就可以锁定其布局。PlanAhead 软件将会自动判断,仅允许将有关逻辑放在合适的位置。在拖动设计中的逻辑对象时,动态光标会显示出适当的布局位置。

步骤四：导出 I/O 引脚分配数据。

可以将 I/O 端口列表和封装引脚信息从 PlanAhead 软件导出为 CSV 格式文件、HDL 头或 UCF 文件。CSV 文件包括有关器件封装引脚的所有信息，以及与设计相关的 I/O 引脚分配和配置。列表中的封装引脚部分是数据表中定义 I/O 端口的很好起点。

还可以利用该数据表自动生成设计小组开始 PCB 布局所需要的 PCB 原理图符号。然而，有时这些符号对于原理图来说太长了，可能需要将它们缩短为几个符号。利用 PinAhead 中的创建的接口组可以快速做到这一点。以原理图符号形式提供这些 I/O 引脚配置为 PCB 设计人员开始 PCB 布局提供了很好的基础。因为如果在引脚分配的最初就考虑到 PCB 接口，那么最很可能与最终的引脚配置比较接近。

如果确实需要改变引脚来方便布线，那么改变也比较容易，因为需要改变的引脚可能已经在 I/O 组内了。这种方法不会对 FPGA 设计造成太大的影响。通过在 PCB 和 FPGA 设计人员之间传递修改过的引脚布局数据表或 UCF 文件，可以保证两个部分之间的任何修改是同步的。为防止信号噪声以及支持某些 FPGA 功能，你还可能希望将未用的引脚或特定配置的引脚连接到 VCC 或 GND。Xilinx 目前正在致力于在 PinAhead 的下一版本中提供这一功能。通过一个界面方便 FPGA 设计人员指导此类引脚，并在输出的 CSV 数据表中包含相应的引脚连接。这样 PCB 设计人员就可以更容易识别相关引脚并正确连接之。

PinAhead Lite 在帮助实现基于协同设计理念的引脚布局策略方面已经能够提供很大帮助。未来，随着 FPGA 集成更复杂的功能以及使用更先进的封装，发展可靠的 FPGA 和 PCB 引脚布局方法势在必行。

6.6　本章小结

从技术层面来讲，可编程逻辑领域是目前和未来半导体行业最活跃的领域之一，不再是单一地用于 IC 设计的原型验证，更多地用于提供集成的系统级解决方案。现代的 FPGA 不再仅仅是可编程逻辑，而是介于 ASIC 和 FPGA 之间的混合芯片，包含微处理器、收发器以及许多其他单元。所以对 FPGA 设计人员的要求也越来越高，已超出单一的逻辑设计范畴。因此，对于 FPGA 初学者来讲，需要明确个人的进阶路线，进而掌握快速开发的方法。下面给出作者个人的一些观点。

首先，熟悉一门硬件设计语言（VHDL 或 Verilog HDL），因为不管在哪种应用领域，HDL 语言都是 FPGA 开发的基础。

其次，掌握 ISE Design Suit 相关软件的使用方法。ISE 软件可以完成设计输入、综合、仿真、实现和下载，涵盖了 FPGA 开发的全过程，从中读者可以真切体会到 FP-

GA 开发全过程。对于嵌入式开发人员,还需要掌握 EDK 软件操作。当掌握软件的基本用法后,可以深入了解各工具组件,如综合工具 XST、布局布线工具 PAR 等的运行机制,以便更好地在设计中利用其特性。

第三,熟悉 Xilinx FPGA 芯片,包括不同类型资源的性能特点和使用方法。此时,Xilinx 所发布的文档是首要参考资料。Xilinx 针对每个系列的 FPGA 都提供了丰富而全面的文档,所以在开始任何一个系列的 FPGA 设计前,最好到 Xilinx 网站(www. xilinx. com),将该系列 FPGA 的页面上将所有的文档都下载下来,然后有针对性地做参考。

第四,参考 Xilinx 推出的开发板以及相应的参考设计,这是向高级进阶最有价值的部分。Xilinx 在网上针对每个系列的 FPGA 都有文档说明,并都给出原理图。其开发板的文档说明非常详细,也很规范,有很大的参考价值。此外,在那些开发板里也有众多的外围接口电路,基本涵盖了常用的应用场合。参考外围电路芯片的数据手册,仔细体会设计的细节和应用方法。作为硬件工程师,阅读手册是一项基本技能。当然,在具备硬件平台的基础上,参考 Xilinx 网上的开发板是进阶路线中捷径的捷径。

第五,动手调通一块板子。有 PCB 设计能力的读者,可自行设计;否则可购买相应的开发板,将上面所有的硬件外设调通,并参照类似的开发板,独立完成 Xilinx 官方的参考设计。完成这一步,就步入高级设计的大门了。

第六,由于 FPGA 芯片以及开发技术发展很快,因此不仅要在工作中累积经验,还应该关注该行业的新技术和新动向,只有这样才能始终站在高处。

整体看来,FPGA 开发入门简单,进阶阶段不仅难度较大、所需知识面广,还是一个烦琐的工作。同时如果想从底层更深入地理解硬件设计,还需需要深厚的理论支持。因此 FPGA 开发是一条平坦但十分陡峭的路。

第 7 章　数字系统设计

7.1　数字系统设计及其流程

随着电子计算机技术的迅猛发展,计算机辅助设计技术深入人类经济生活的各个领域,电子 CAD 就是应用计算机辅助设计技术来进行电子产品的设计、开发、制造。电子系统的设计,根据采用计算机辅助技术的介入程度,可以分为 3 类:

第一类是人工设计方法,这是一种传统的设计方法,从方案的提出到验证和修改均采用人工手段完成,尤其是系统的验证需要经过实际搭试电路来完成。因此这种方法花费大、效率低,制造周期长。

第二类是人和计算机共同完成电子系统的设计,这就是早期的电子 CAD 方法。借助于计算机来完成数据处理、模拟评价、设计验证等部分工作,即借助于计算机,人们可以设计规模稍大的电子系统,设计阶段中的许多工作尚需人工来完成。

第三类设计方法称为电子设计自动化(electronic design automation,EDA)。电子系统的整个设计过程或大部分设计均由计算机来完成。因此可以说 EDA 是电子 CAD 发展的必然趋势,是电子 CAD 的高级阶段。本书所介绍的现代数字系统的设计就是采用 EDA 技术进行设计。当然,这里的所谓 EDA 主要是指数字系统的自动化设计,因为这一领域的软硬件方面的技术已比较成熟,应用的普及程度也已比较大。而模拟电子系统的 EDA 正在进入实用。此外,由于电子信息领域的全面数字化,基于 EDA 的数字系统的设计技术具有更大的应用市场和更紧迫的需求性。

现代电子系统设计领域中的 EDA 是随着计算机辅助设计技术的提高和可编程逻辑器件的出现应运而生并不断完善。可编程逻辑器件,特别是目前 CPLD/FPGA 的广泛应用,为数字系统的设计带来极大的灵活性。由于该器件可以通过软件编程而对其硬件的结构和工作方式进行重构,使得硬件的设计可以如同软件设计那样方便快捷。这一切极大地改变了传统的数字系统设计方法、设计过程,乃至设计观念。

EDA 技术就是以计算机为工具进行电子设计。现代的 EDA 软件平台已突破了早期仅能进行 PCB 版图设计,它集设计、仿真、测试于一体,配备了系统设计自动化的全部工具:配置了多种能兼用和混合使用的逻辑描述输入工具,同时还配置了高性能的逻辑综合、优化和仿真模拟工具。EDA 技术借助于大规模集成的可编程逻辑器件 PLD(Programmable Logic Device)和高效的设计软件,用户不仅可通过直接对芯片结构的设计实现多种数字逻辑系统功能,而且由于管脚定义的灵活性,大大减轻了电路图设计和电路板设计的工作量和难度;同时,这种基于可编程逻辑器件芯片的设计大大减少了系统芯片的数量,缩小了系统的体积,提高了系统的可靠性。如今只需一台计算机、一套 EDA 软件和一片 PLD 芯片,就能在家中完成大规模集成电路和数字系统的设计。

目前大规模 PLD 系统正朝着为设计者提供系统内可再编程(或可再配置)的能力方向发展,即只要把器件插在系统电路板上,就随对其进行编程或再编程,这就为设计者进行电子系统设计和开发提供了可实现的最新手段。采用系统内可再编程的技术,使得系统内硬件的功能可以像软件一样地被编程来配置,从而可以使电子系统的设计和产品性能的改进及扩充变得十分简单。采用这种技术,对系统的设计、制造、测试和维护也产生了重大的影响,给样机设计、电路板调试、系统制造和系统升级带来革命性的变化。

传统的设计方法是都是自底向上的,即首先确定可用的元器件,然后根据这些器件进行逻辑设计,完成各模块后进行连接,最后形成系统。而后经调试、测量看整个系统是否达到规定的性能指标。其特点表现在:

①这种"自下而上"的设计方法常常受到设计者的经验及市场器件情况等因素限制,且没有明显的规律可循。

②系统测试在系统硬件完成后进行。如果发现系统设计需要修改,则需要重新制作电路板、重新购买器件,重新调试与修改设计。整个修改过程花费大量的时间与经费。

③电路设计是原理图设计方式,而原理图设计的电路对于复杂系统的设计、阅读、交流、修改、更新、保存都十分困难,不利于复杂系统的任务分解与综合。

基于 EDA 技术的所谓自顶向下的设计方法正好相反,它首先从系统设计入手,在顶层进行功能划分和结构设计,并在系统级采用仿真手段验证设计的正确性,然后再逐级设计低层的结构,实现从设计、仿真、测试一体化。其方案的验证与设计、电路与 PCB 设计、专用集成电路(application specific integrated circuit,ASIC)设计等都由电子系统设计师借助于 EDA 工具完成。自顶向下设计方法的特点表现在:

①基于 PLD 硬件和 EDA 工具支撑;

②采用逐级仿真技术,以便及早发现问题修改设计方案;

③基于网上设计技术使全球设计者设计成果共享,设计成果的再利用得到保证。现代的电子应用系统正向模块化发展,或者说向软硬核组合的方向发展。对于以往成功的设计成果稍作修改、组合就能投入再利用,从而产生全新的或派生的设计模块,同时还可以以一种 IP 核的方式进行存档。

④由于采用的是结构化开发手段,可实现多人多任务的并行工作方式,使复杂系

统的设计规模和效率大幅度提高。

⑤在选择器件的类型、规模、硬件结构等方面具有更大的自由度。所谓分层次设计,是将设计层次分成 5 级,即印制系统级、寄存器传输级、门级、电路级和器件(板图)级。其中,系统是最上一层,是最抽象的设计层次,它将电子系统看作由一些系统部件组成,而各部件之间的连接可以是抽象的,只要表达清楚系统的体系结构、数据处理功能、算法等即可;寄存器传输级则以具有内部状态的寄存器以及连接寄存器之间的逻辑单元作为部件,重点在于表达信号的运算、传输和状态的转移过程;门级设计也就是逻辑设计,它以电路或触发器作基本部件,表达各种逻辑关系;电路级设计则以可看作分立的基本元件,具体表达电路在时域的伏安特性或频域的响应等性能;器件级又称为板图级,现代电路设计以板图级设计作为最底层次。

EDA 软件平台的另一特点是日益强大的仿真测试技术,所谓仿真(simulate)就是设计的输入、输出(或中间变量)之间的信号关系由计算机根据设计提供的设计方案从各种不同层次的系统性能特点完成一系列准确逻辑和时序验证[13]。测试技术是在完成实际系统的安装后,只需通过计算机就能对还能对系统上的目标器件进行所谓边界扫描测试。EDA 仿真测试技术极大地提高了大规模系统电子设计自动化程度。

7.2　基于 FPGA 设计的 FIFO 存储器设计

FIFO 是 First Input First Output 的缩写,即先入先出队列,这是一种传统的按序执行方法,先进入的指令先完成并引退,跟着才执行第二条指令。是一种先进先出的数据缓存器,他与普通存储器的区别是没有外部读写地址线,这样使用起来非常简单,但缺点就是只能顺序写入数据,顺序的读出数据,其数据地址由内部读写指针自动加 1 完成,不能像普通存储器那样可以由地址线决定读取或写入某个指定的地址。

根据 FIFO 工作的时钟域,可以将 FIFO 分为同步 FIFO 和异步 FIFO。同步 FIFO 是指读

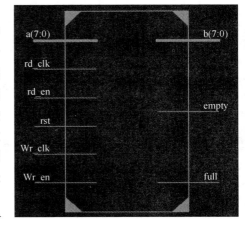

图 7.1　FIFO 的原理图

时钟和写时钟为同一个时钟。在时钟沿来临时同时发生读写操作。异步 FIFO 是指读写时钟不一致,读写时钟是互相独立的。FIFO 的原理图如图 7.1 所示。

FIFO 设计的难点在于怎样判断 FIFO 的空/满状态。为了保证数据正确的写入或读出,而不发生溢出或读空的状态出现,必须保证 FIFO 在满的情况下,不能进行写操作。在空的状态下不能进行读操作。怎样判断 FIFO 的满/空就成了 FIFO 设计的核心问题。FIFO 的硬件框图如图 7.2 所示。

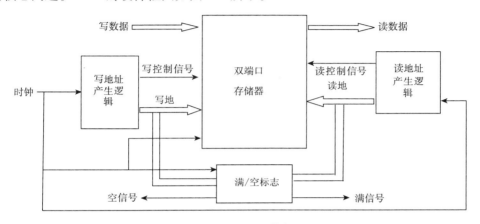

图 7.2 FIFO 的硬件框图

7.2.1 重要参数

FIFO 的宽度:也就是英文资料里常看到的 THE WIDTH,它指的是 FIFO 一次读写操作的数据位,就像 MCU 有 8 位、16 位、ARM32 位等,FIFO 的宽度在单片成品 IC 中是固定的,也有可选择的,如果用 FPGA 自己实现一个 FIFO,其数据位,也就是宽度是可以自己定义的。

FIFO 的深度:THE DEEPTH,它指的是 FIFO 可以存储多少个 N 位的数据(如果宽度为 N)。如一个 8 位的 FIFO,若深度为 8,它可以存储 8 个 8 位的数据,深度为 12,就可以存储 12 个 8 位的数据,FIFO 的深度可大可小,个人认为 FIFO 深度的计算并无一个固定的公式。在 FIFO 实际工作中,其数据的满/空标志可以控制数据的继续写入或读出。在一个具体的应用中不可能由一些参数精确算出所需的 FIFO 深度为多少,这在写速度大于读速度的理想状态下是可行的,但在实际中用到的 FIFO 深度往往要大于计算值。一般来说根据电路的具体情况,在兼顾系统性能和 FIFO 成本的情况下估算一个大概的宽度和深度就可以了。而对于写速度慢于读速度的应用,FIFO 的深度要根据读出的数据结构和读出数据由那些具体的要求来确定。

满标志:FIFO 已满或将要满时由 FIFO 的状态电路送出的一个信号,以阻止 FIFO 的写操作继续向 FIFO 中写数据而造成溢出(overflow)。

空标志:FIFO 已空或将要空时由 FIFO 的状态电路送出的一个信号,以阻止 FIFO 的读操作继续从 FIFO 中读出数据而造成无效数据的读出(underflow)。

时钟:读/写操作所遵循的时钟,在每个时钟沿来临时读数据。

读指针:指向下一个读出地址。读完后自动加 1。

写指针:指向下一个要写入的地址,写完自动加 1。

读写指针其实就是读写的地址,只不过这个地址不能任意选择,而是连续的。

在下面的代码中,可以看到读空标志位的产生:当读地址 rd_add 赶上写地址 wr_add,也就是 rd_add 完全等于 wr_add 时,可以断定,FIFO 里的数据已被读空,而且只有在两种情况下,FIFO 才会为空:第一种是系统复位,读写指针全部清零;另一种情况是在 FIFO 不为空时,数据读出的速率快于数据写入的速率,读地址赶上写地址时 FIFO 为空。空标志位的产生需要在读时钟域里完成这样不至于发生 FIFO 已经为空了而空标志位还没有产生的情况,但是可能会发生 FIFO 里已经有数据了而空标志位还没有撤销的情况,不过就算是在最坏情况下,空标志位撤销的滞后也只有三个时钟周期,这个问题不会引起传输错误;还有一种情况就是空标志比较逻辑检测到读地址和写地址相同后紧接着系统产生了写操作写地址增加,FIFO 内有了新数据,由于同步模块的滞后性,用于比较的写地址不能及时更新,这样,一个本不该有的空标志信号就产生了,不过这种情况也不会导致错误的发生,像这种 FIFO 非空而产生空标志信号的情况称为"虚空"。

写满标志位的产生:和读空标志位产生机制一样,写满标志位也是通过比较读写地址产生的。读写指针的关系就好比 A,B 两个田径运动员在一环形跑道上进行比赛一样,当 B 运动员领先 A 并整整超前一圈时,A,B 两人的地点相同,此种情况对应于读写指针指向了同一地址,但写指针超前整整一圈,FIFO 被写满。如此看来,和读空标志产生一样,写满标志也是读写指针相同时产生。但是如果地址的宽度和 FIFO 实际深度所需的宽度相等,某一时刻读写地址相同了,那 FIFO 是空还是满就难以判断了。所以读写指针需要增加一位来标记写地址是否超前读地址(在系统正确工作的前提下,读地址不可能超前于写地址),比如 FIFO 的深度为 64,需要用宽度为 6 的指针。

7.2.2　程序代码

```
library IEEE;
use IEEE. STD_LOGIC_1164. ALL;
use IEEE. STD_LOGIC_ARITH. ALL;
use IEEE. STD_LOGIC_UNSIGNED. ALL;
```

```
entity fifo1 is
    port( clk : in std_logic;
          write_en : in std_logic;
          read_en : in std_logic;
          rst : in std_logic;
          din : in std_logic_vector( 7 downto 0 );
          dout : out std_logic_vector( 7 downto 0 );
          empty : out std_logic;
          full : out std_logic );
end fifo1;


architecture behavioral of fifo1 is
        type fifo_array is array( 0 to 63 ) of std_logic_vector( 7 downto 0 );
        signal fifo_memory : fifo_array;
        signal full_flag : std_logic;
        signal empty_flag : std_logic;
        signal read_add : std_logic_vector( 5 downto 0 );
        signal write_add : std_logic_vector( 5 downto 0 );
        signal counter : std_logic_vector( 5 downto 0 );


begin
process( rst , clk )
    begin
            if( rst = '0') then
                dout <= "00000000";
            elsif( clk'event and clk = '1') then
                if( read_en = '1' and empty_flag = '0') then
                    dout <= fifo_memory( conv_integer( read_add ) );
                end if;
            end if;
end process;


process( clk )
    begin
```

```vhdl
            if( clk'event and clk ='1') then
                if( rst ='1' and write_en ='1' and full_flag ='0') then
                    fifo_memory( conv_integer( write_add ) ) <= din;
                end if;
            end if;
    end process;

    process( rst , clk )
        begin
                if( rst ='0') then
                    write_add <= "000000";
                elsif( clk'event and clk ='1') then
                    if( write_en ='1' and full_flag ='0') then
                        write_add <= write_add + 1;
                    end if;
                end if;
    end process;

    process( rst , clk )
        begin
                if( rst ='0') then
                    read_add <= "000000";
                elsif( clk'event and clk ='1') then
                    if( read_en ='1' and empty_flag ='0') then
                        read_add <= read_add + 1;
                    end if;
                end if;
    end process;

    process( rst , clk )
        variable temp : std_logic_vector( 1 downto 0 );
    begin
        if( rst ='0') then
                counter <= "000000";
```

```
        elsif( clk'event and clk ='1') then
        temp: = read_en & write_en;
        case temp is
                when "00" ⇒
                        counter ⇐ counter;
                when "01" ⇒
                        if( counter/ = "111111" ) then
                                counter ⇐ counter + 1;
                        end if;
                when "10" ⇒
                        if( counter/ = "000000" ) then
                                counter ⇐ counter-1;
                        end if;
                when "11" ⇒
                        counter ⇐ counter;
                when others ⇒
                        counter ⇐ counter;
            end case;
        end if;
end process;

process( counter )
    begin
                if( counter = "000000" ) then
                        empty_flag ⇐'1';
                else
                        empty_flag ⇐'0';
                end if;
end process;
process( counter )
    begin
                if( counter = "111111" ) then
                        full_flag ⇐'1';
                else
```

full_flag ⇐ '0';

end if;

end process;

full ⇐ full_flag;

empty ⇐ empty_flag;

end behavioral;

图 7.3 给出了仿真结果。在仿真过程中,输入的信号依次为"00000001""0000 0010""00000100""00001000""00010000""00100000"等,可以看到当使能端为高电平时,输出为不定态;当使能端拉低后,输出了输入的数据。可以看出此 FIFO 设计时正确的。

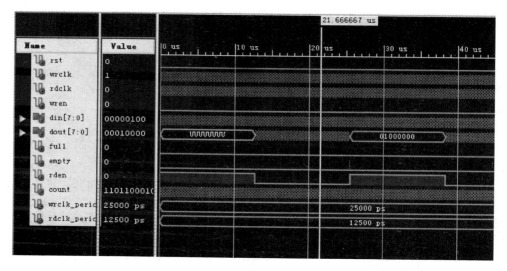

图 7.3 仿真波形

7.3 基于 FPGA 的 VGA 设计

随着数字图像处理的应用领域的不断扩大,其实时处理技术成为研究的热点。EDA 技术的迅猛发展为数字图像实时处理技术提供了硬件基础。其中 FPGA 的特点适用于进行一些基于像素级的图像处理。LCD 和 CRT 显示器作为一种通用型显示设备,如今已经广泛应用于工作和生活中。与嵌入式系统中常用的显示器件相比,它具有显示面积大、色彩丰富、承载信息量大、接口简单等优点,如果将其应用到嵌入式系统中,可以显著提升产品的视觉效果。为此,尝试将 VGA 显示的控制转化到 FPGA 来完成实现。

FPGA 是整个系统的核心,通过对其编程可输出红、绿、蓝三基色信号和 HS、VS 行场扫描同步信号。当 FPGA 接受输出的控制信号后,内部的数据选择器模块根据控制信号选择相应的图像生成模块,输出图像信号,与行场扫描时序信号一起通过 VGA 接口电路送入显示器,VGA 显示器上便可看到对应在的彩色图像。主芯片时钟由外部提供,由一片晶振提供 50 MHz 频率的时钟源,接入芯片全局时钟引脚 CLK。控制中,只需要考虑行同步信号(Hs)、场同步信号(Vs)以及红绿蓝(RGB)这 5 个信号。如果能从 FPGA 发出这 5 个信号到 VGA 接口,就可以实现对 VGA 的控制。系统模块如图 7.4 所示。

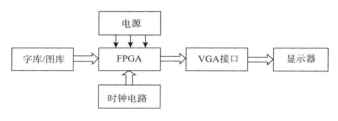

图 7.4　系统模块图

显示绘图阵列(video graphic array,VGA)接口,作为一种标准的显示接口,得到了广泛的应用。VGA 接口大多应用在显示器与显卡之间;同时还可以用用在擦二色等离子电视输入图像的模数转换上;VGA 接口同样也是 LCD 液晶显示设备的标准接口。

VGA 显示控制共分为三个模块,包括一个二分频电路,一个 VGA 时序控制模块,一个存储器读出模块。二分频电路要能够把板载 50 MHz 的时钟频率分成 25 MHz 并提供给其他模块作为时钟;VGA 时序控制模块用于产生 640 × 480 显示范围,并控制显示范围和消隐范围以及产生水平同步时序信号 HS 和垂直同步时序信号 VS 的值;存储器读出模块提供给 SRAM 地址并按地址从存储器中读出八位 R、G、B 数据,并把 R、G、B 的值通过 VGA 接口传到 CRT 显示器。

7.3.1　硬件电路实现技术

通过对硬件进行编程,输出标准的 VGA 信号(红、绿、蓝三色信号和行、帧同步信号),通过 15 针 VGA 接口输出至显示器,可具有显示驱动程序的能力,驱动显示器显示图像信号。板上的 VGA 接口只需使用其中的 5 个引脚,其中行、帧同步信号直接由 FGPA 输出;红、绿、蓝三色信号使用 FPGA 上 8 个引脚,8 位数据,其中红色 2 位,绿色和蓝色各 3 位,经由电阻网络 D/A 变换后输出值显示器,具有 256 种颜色。 VGA 接口与 FPGA 引脚连接见图 7.5。

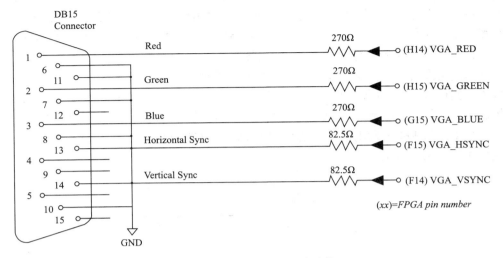

图 7.5   VGA 与 FPGA 引脚连接

7.3.2   软件实现技术

设计 VGA 图像显示控制需要注意两个问题:一个是时序的驱动,这是完成设计的关键,时序稍有偏差,显示必然不正常,甚至会损坏彩色显示器;另一个是 VGA 信号的电平驱动。

FPGA 通过串联电阻直接驱动 5 个 VGA 信号。每个颜色信号串一个电阻,每位的颜色信号分别是 VGA_RED、VGA_BLUE、VGA_GREEN。每个电阻与终端的 75 Ω 电缆电阻相结合,确保颜色信号保持在 VGA 规定的 0 ～0.7 V 之间。VGA_HSYNC 和 VGA_VSYNC 信号使用 LVTTL 或 LVCMOS3I/O 标准驱动电平。通过 VGA_RED、VGA_BLUE、VGA_GREEN 置高或低来产生 8 和颜色,如表 7.1 所示。

表 7.1   FPGA 产生的 8 种颜色

VGA_RED	VGA_GREEN	VGA_BLUE	Resulting Color
0	0	0	Black
0	0	1	Blue
0	1	0	Green
0	1	1	Cyan
1	0	0	Red
1	0	1	Magenta
1	1	0	Yellow
1	1	1	White

VGA 显示图像原理:常见的彩色显示器,一般由 CRT(阴极射线管)构成。彩色是有 R、G、B(红:RED,绿:GREEN,蓝:BLUE)三基色组成。显示是用逐行扫描的方式解决,阴极射线枪发出电子束打在涂有银光粉的荧光屏幕上,产生 R、G、B 三基色,合成一个彩色像素。扫描从屏幕的左上方开始,从左到右,从上到下,进行扫描,每扫完一行,电子束回到屏幕的左边下一行的起始位置,在这期间,CRT 对电子束进行消隐,每行结束时,用行同步信号进行同步,扫描完所有行,用场同步信号进行场同步,并使扫描回到屏幕的左上方,同时进行场消隐,预备下一场的扫描。

它的行场扫描时序如图 7.6 所示。现以正极性为例,说明 CRT 的工作过程:R、G、B 为正极性信号,即高电平有效。当 VS = 0,HS = 0 时,CRT 显示的内容为亮的过程,即正向扫描过程约为 26 μs。当一行扫描完毕,行同步 HS = 1,约需 6 μs,期间,CRT 扫描产生消隐,电子束回到 CRT 的左边下一行的起始位置(X = 0,Y = 1);当扫描完 480 行后,CRT 的场同步 VS = 1,产生场同步是扫描线回到 CRT 的第一行第一列(C = 0,Y = 0 处,约为两个行周期)。HS 和 VS 的时序图。T_1 为行同步消隐(约为 6 μs);T_2 为行显示时间约为 26 μs),T_3 为场同步消隐(两行周期);T_4 为场显示时间(480 行周期)。

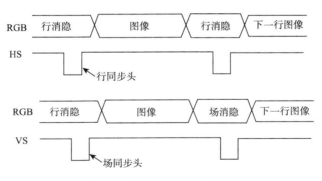

图 7.6　行场扫描时序示意图

将图像控制模块分为这样几部分:二分频电路(img. vhd)、VGA 时序控制模块(vga640480. vhd)、存储器读出模块(SRAM. vhd),如图 7.7 所示。其中二分频把 50 MHz时钟频率分成 25 MHz 并提供给其他模块作为时钟;VGA 时序控制模块用于产生 640 × 480 显示范围,并控制显示范围和消隐范围以及产生水平同步时序信号 HS 和垂直同步时序信号 VS 的值;存储器读出模块提供给 SRAM 地址并按地址读出八位数据(灰度值 Y),然后得到 R、G、B 的值(若 Y > 中间值,则 R = G = B = 1;否则 R = G = B = 0),并把 R、G、B 的值通过 VGA 接口传到 CRT 显示器。

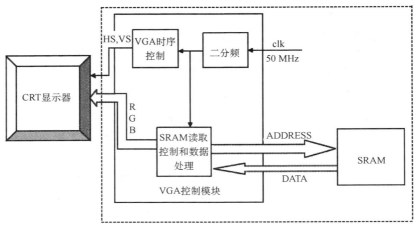

图 7.7　模块设计总体结构示意图

7.3.3　二分频电路

二分频把 50 MHz 时钟频率分成 25 MHz 并提供给其他模块作为时钟。显示器的像素分辨率是 640×480, 像素时钟 25 MHz, 刷新频率 60 Hz ± 1 Hz。系统时钟是 50 MHz, 所以要对板载时钟进行分频后才能使用。

分频电路的设计部分程序如下:

```
begin
    process( clk50 MHz)
    Begin ——将 50 MHz 分成 25 MHz 的频率
            if( clk50 mhz' event and clk50 mhz ='1')
            then clk25 mhz ⇐ not clk25 MHz;
            end if;
    end process;
```

图 7.8 是二分频电路设计的内部结构图。

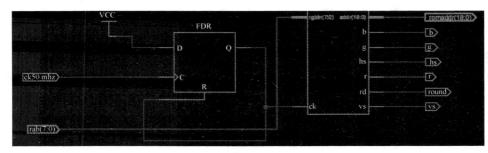

图 7.8　二分频电路设计的内部结构图

7.3.4　VGA 时序控制模块

VGA 时序控制模块用于产生 640×480 显示范围,并控制显示范围和消隐范围以及产生水平同步时序信号 HS 和垂直同步时序信号 VS 的值。一般来说,时钟计数器通过像素时钟来控制水平时序信号。译码计数器的值产生 HS 信号。在指定的行,计数器产生当前像素显示的位置。

一个独立的计数器产生垂直时序信号。垂直同步计数器在每个 HS 脉冲信号来临时自动加 1,译码值产生 VS 信号。计数器产生当前显示行。这两个计数器从地址到显示缓冲器连续计数。开发板的 DDR SDRAM 提供了一个足够的显示缓冲区。

在 HS 脉冲的开始和 VS 脉冲的开始没有具体规定相对的时序关系。因此,计数器被分配到简单格式的视频 RAM 地址,或分配到同步脉冲产生器的最小译码逻辑。

设计对时序控制部分的部分代码如下:

```
architecture behavioral of vgasig is
——定义相关常量,可参考 VGA 相关工业标准
constant h_pixels:integer: =640;
constant h_front:integer: =16;
constant h_back:integer: =48;
constant h_synctime:integer: =96;
constant h_period:integer: = h_synctime + h_pixels + h_front + h_back;
constant v_lines:integer: =480;

constant v_front:integer: = 11;
constant v_back:integer: = 32;
constant v_synctime:integer: = 2;
constant v_period:integer: = v_synctime + v_lines + v_front + v_back;
signal hcnt:std_logic_vector(9 downto 0);——行计数器
signal vcnt:std_logic_vector(9 downto 0);——场计数器
begin
——产生行计数(记录每行的点数),h_period 为行周期计数值。
a:process(clock,reset)
begin
——复位时行计数器清零
```

```
        if reset ='0' then
                hcnt ⇐ ( others ⇒'0');
    elsif( clock' event and clock ='1')then
——当行计数到达计数周期时将重置
                if hcnt < h_period then hcnt ⇐ hcnt + 1;
                else hcnt ⇐ ( others ⇒'0');
                end if;
        end if;
end process;
```

——产生场计数(记录每帧中的行数, v——period 为场周期计数值)

```
b：process( hsyncb, reset)
begin
        ——复位场计数器清零
        if reset ='0' then vcnt ⇐ ( others ⇒'0');
        elsif( hsyncb' event and hsyncb ='1')then
                if vcnt < v_period then
                vcnt ⇐ vcnt + 1;
                else vcnt ⇐ ( others ⇒'0');
                end if;
        end if;
end process;
```

——产生行同步信号, h-pixels 为行显示点数, h-Front 为前消隐点数, h-synctime 为行同步点数

```
c：process( clock, reset)
begin
        if reset ='0' then hsyncb ⇐'1';
        elsif( clock' event and clock ='1')then
                if( hcnt > = ( h_pixels + h_front)        and
hcnt < ( h_pixels + h_synctime + h_front) )then
                hsyncb ⇐'0';
                else
                hsyncb ⇐'1';
                end if;
        end if;
```

```
    end process;
    ——产生场同步信号,v-lines 为场显示点数,v-front 为前消隐点数,v-sync-
    time 为场同步点数
    d:process(hsyncb,reset)
    begin
        if reset ='0' then vsyncb ⇐'1';
        elsif(hsyncb' event and hsyncb ='1')then
            if(vcnt > = (v_lines + v_front)
andvcnt < (v_lines + v_synctime + v_front))then
                vsyncb ⇐'0';
            else
                vsyncb ⇐'1';
            end if;
        end if;
    end process;


    e:process(clock)
    begin
        if clock' event and clock ='1' then
        ——此处 enable 为低
            if hcnt > = h_pixels or vcnt > = v_lines then
                enable ⇐'0';
            else enable ⇐'1';
            end if;
        end if;
    end process;
```

7.3.5　存储器读出模块

存储器读出模块提供给 SRAM 地址并按地址从存储器中读出八位 R、G、B 数据,并把 R、G、B 的值通过 VGA 接口传到 CRT 显示器。图 7.9 是存储模块设计的内部结构图。

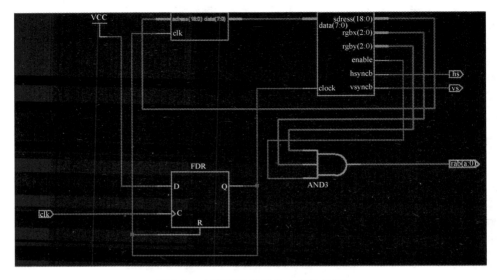

图 7.9　存储模块设计的内部结构图

process（hloc，vloc）
begin
      case hloc（7 downto 5）is
              when "000" ⇒ rgbx ⇐ "11111111";
              when "001" ⇒ rgbx ⇐ "00000000";
              when "010" ⇒ rgbx ⇐ "11000000";
              when "011" ⇒ rgbx ⇐ "00000111";
              when "101" ⇒ rgbx ⇐ "00111000";
              when "110" ⇒ rgbx ⇐ "11111000";
              when "111" ⇒ rgbx ⇐ "11111111";
              when others ⇒ rgbx ⇐ "00000000";
    end case;
    case vloc（7 downto 5）is
              when "000" ⇒ rgby ⇐ "10101010";
              when "001" ⇒ rgby ⇐ "01010101";
              when "010" ⇒ rgby ⇐ "11001110";
              when "011" ⇒ rgby ⇐ "00110001";
              when "101" ⇒ rgby ⇐ "01100110";
              when "110" ⇒ rgby ⇐ "11111100";

　　　　　　　　when "111" ⇒ rgby ⇐ "00011110";
　　　　　　　　when others ⇒ rgby ⇐ "00000000";
　　　　　　end case;
　　　　end process;
　　end behavioral;

　　根据系统原理,将各个模块进行组合,由此得到的硬件框图如图 7.10 所示。设计的仿真结果如图 7.11 所示。从仿真图中可以看出,dout 信号等于 din 信号加 1,功能正确。

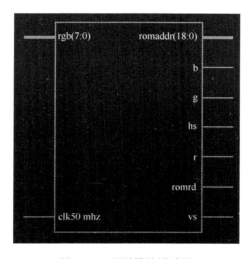

图 7.10　顶层模块设计图

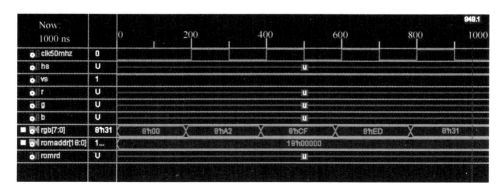

图 7.11　VGA 仿真结果

```
library IEEE;
use IEEE. STD_LOGIC_1164. ALL;
use IEEE. STD_LOGIC_ARITH. ALL;
use IEEE. STD_LOGIC_UNSIGNED. ALL;
entity vgacore is
    port( clk : in std_logic;
          reset : in std_logic;
          md : in std_logic_vector( 1 downto 0);
          hs : out std_logic;
          vs : out std_logic;
          r : out std_logic_vector( 1 downto 0);
          g : out std_logic_vector( 2 downto 0);
          b : out std_logic_vector( 2 downto 0)
                );
    end vgacore;


    architecture behavioral of vgacore is
    signal sysclk : std_logic;
    signal hsyncb : std_logic;
    signal vsyncb : std_logic;
    signal enable : std_logic;
    signal hloc : std_logic_vector( 9 downto 0);
    signal vloc : std_logic_vector( 9 downto 0);
    signal rgbx , rgby , rgbp , rgb : std_logic_vector( 7 downto 0);


    component vgasig
        port( clock : in std_logic;
              reset : in std_logic;
              hsyncb : buffer std_logic;
              vsyncb : out std_logic;
              enable : out std_logic;
              xaddr : out std_logic_vector( 9 downto 0);
              yaddr : out std_logic_vector( 9 downto 0)
                    );
```

end component;

begin

 rgb(7) ⇐ rgb(7) and enable;

 rgb(6) ⇐ rgb(6) and enable;

 rgb(5) ⇐ rgb(5) and enable;

 rgb(4) ⇐ rgb(4) and enable;

 rgb(3) ⇐ rgb(3) and enable;

 rgb(2) ⇐ rgb(2) and enable;

 rgb(1) ⇐ rgb(1) and enable;

 rgb(0) ⇐ rgb(0) and enable;

 divclk : process(clk, reset)

 begin

   if reset ='0' then sysclk ⇐ '0';

   elsif clk' event and clk ='1' then sysclk ⇐ not sysclk;

   end if;

 end process;

 makesig : vgasig port map(clock ⇒ sysclk,

          reset ⇒ reset,

          hsyncb ⇒ hsyncb,

          vsyncb ⇒ vsyncb,

          enable ⇒ enable,

          xaddr ⇒ hloc,

          yaddr ⇒ vloc

 );

 makergb : colormap port map(hloc ⇒ hloc,

           vloc ⇒ vloc,

           rgbx ⇒ rgbx,

           rgby ⇒ rgby

 );

 hs ⇐ hsyncb;

 vs ⇐ vsyncb;

　　　　　　r ⇐ rgb(7 downto 6);

　　　　　　g ⇐ rgb(5 downto 3);

　　　　　　b ⇐ rgb(2 downto 0);

　　　end behavioral;

7.4　基于 FPGA 的 FIR 滤波器设计

　　数字滤波器由数字乘法器、加法器和延时单元组成的一种算法或装置。数字滤波器的功能是对输入离散信号的数字代码进行运算处理,以达到改变信号频谱的目的。数字滤波器是一个离散系统,该系统能对输入的离散信号进行处理,从而获取所需的有用信息。在数字信号处理中,FIR 数字滤波器是最常用的单元之一。它用于将输入信号 $x[n]$ 的频率特性进行特定的修改,转换成另外的输出序列 $y[n]$。

　　FIR(finite impulse response)滤波器:有限长单位冲激响应滤波器,是数字信号处理系统中最基本的元件,它可以在保证任意幅频特性的同时具有严格的线性相频特性,同时其单位抽样响应是有限长的,因而滤波器是稳定的系统。因此,FIR 滤波器在通信、图像处理、模式识别等领域都有着广泛的应用。

　　有限长脉冲响应(FIR)滤波器的系统函数只有零点,除原点外,没有极点,因而 FIR 滤波器总是稳定的。如果他的单位脉冲响应是非因果的,总能够方便地通过适当的移位得到因果的单位脉冲响应,所以 FIR 滤波器不存在稳定性和是否可实现的问题。它的另一个突出的优点是在满足一定的对称条件时,可以实现严格的线性相位。由于线性相位滤波器不会改变输入信号的形状,而只是在时域上使信号延时,因此线性相位特性在工程实际中具有非常重要的意义,如在数据通信、图像处理等应用领域,往往要求信号在传输和处理过程中不能有明显的相位失真,因而线性相位 FIR 滤波器得到了广泛的应用。

　　一个数字滤波器可以用系统函数、单位脉冲响应和差分方程进行描述,其中直接型是最常见的结构,如图 7.11 所示。器倒置后的结构如图 7.12 所示。系统函数和表示输入输出关系的常系数线性差分方程为:

$$H(z) = \frac{\sum_{i=0}^{n} b_k z^{-k}}{1 - \sum_{k=1}^{n} a_k z^{-k}} = \frac{Y(z)}{X(z)} \tag{7.1}$$

　　直接由 $H(z)$ 得出表示输入输出的关系的常系数线性差分方程为:

$$y(n) = \sum_{k=0}^{n} a_k y(n-k) + \sum_{k=0}^{m} b_k x(n-k) \tag{7.2}$$

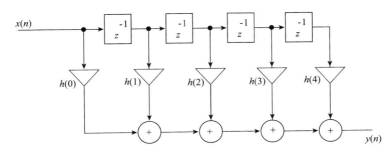

图 7.12　直接型 FIR 滤波器结构

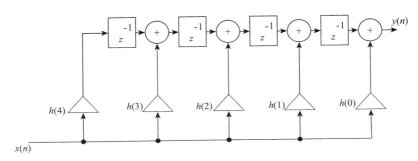

图 7.13　转置后的直接型 FIR 滤波器结构

可以看出，数字滤波器是把输入序列经过一定的运算（如上式所示）变换成输出系列。大多数普通的数字滤波器是线性非时变性的（linear time-invariant, LTI）滤波器。对因果的 FIR 系统，其系统函数仅有零点（除 $z = 0$ 的极点外），并且因为系数 a 全为零，所以上式的差分方程就可化简为

$$y(n) = \sum_{k=0}^{n} b_k x(n-k) \tag{7.3}$$

可以看成是 $x(n)$ 与单位脉冲响应 $h(n)$ 的直接卷积。

FIR 数字滤波器是指滤波器的单位脉冲响应 $h(n)$ 是有限长序列，$N-1$ 阶 FIR 数字滤波器的系统函数 $H(z)$ 可表示为：

$$H(z) = \sum_{n=0}^{N-1} h(n) z^{-n} \tag{7.4}$$

$H(z)$ 是的 N^{-1} 阶多项式，在 z 平面上有 $N-1$ 个零点，在它的 $N-1$ 个极点均位于 z 平面的原点 $z = 0$。

FIR 滤波器相对于 IIR 滤波器有很多独特的优越性，在保证满足滤波器幅频响应要求的同时，还可获得严格的线性相位特性，从而保证稳定。对非线性相位的 FIR 滤波器一般可以用 IIR 滤波器来代替。由于数据通信、语音信号处理、图

像处理以及自适应处理等领域往往要求信号在传输过程中不可能有明显的相位失真,而 IIR 滤波器存在频率色散的问题,所以 FIR 滤波器获得了更广泛的应用。

通过使用 MATLAB 编程和编译,可以得到如图 7.14 所示的 FIR 低通滤波器,设计滤波器冲激系数如图 7.15 所示。

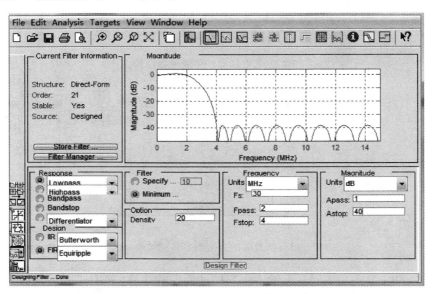

图 7.14　滤波器设计分析工具设计的 FIR 低通滤波器

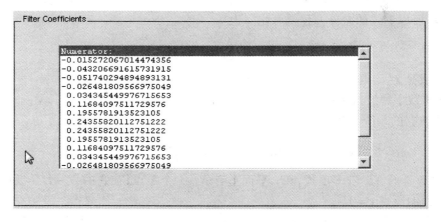

图 7.15　所设计滤波器冲激系数

7.4.1 寄存器模块

寄存器用于寄存一组二值代码,只要求它们具有置 1、置 0 的功能即可。在本设计中用 D 触发器组成寄存器,实现寄存功能。本设计中使用带异步复位 rst 端的 D 触发器,当 rst = 1 时,输出信号 q = 0,当 rst = 0 且上升沿脉冲到达时 q = d。

程序如下:

```
library IEEE;
use IEEE. STD_LOGIC_1164. ALL;
architecture dff16 of dff16 is
begin
    process( rst,clk)
    begin
        if( rst ='1') then
        q ⇐ ( others ⇒'0');
        elsif( clk'event and clk ='1') then
        q ⇐ d;
        end if;
    end process;
end dff16;
```

仿真结果如图 7.16 所示。

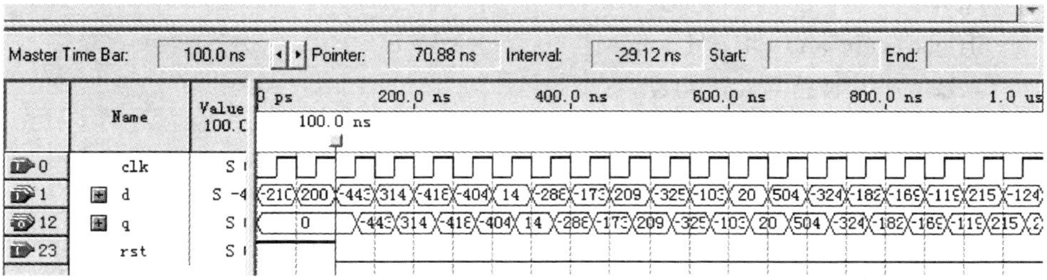

图 7.16 寄存器仿真结果

7.4.2 加法器模块

实现两个有符号数的相加运算。即将输入的两数,在时钟脉冲到来时相加运算,输出结果。

在本设计中共有 8 个两个 10 位有符号数相加产生一个 11 位有符号数的加法

器、一个 18 位和 19 位有符号数相加产生 20 位有符号数的加法器、一个两个 20 位有符号数相加产生一个 21 位有符号数的加法器、一个两个 19 位有符号数相加产生一个 20 位有符号位数的加法器、一个 20 位和 21 位有符号数相加产生 22 位有符号数的加法器,以及一个 20 位和 22 位有符号数相加产生 23 位有符号数的加法器电路。

其中一个 20 位和 22 位有符号数相加产生 23 位有符号数的加法器电路为最后一级,所以在加法器电路中在引入低位舍去功能只保留最终 10 位输出,最终保留 10 位输出采用了直接取输出 23 位数的高十位的方法,因此在输出中近似等于除掉了 2^{13} 即 8192 以后的结果。

(1)10 位有符号数相加产生一个 11 位有符号数的加法器设计

```
library IEEE;
use IEEE. STD_LOGIC_1164. ALL;
use IEEE. STD_LOGIC_ARITH. ALL;
entity sum101011 is
potr(a,b:in signed(9 downto 0);
    clk:in std_logic;
    s:out signed(10 downto 0));
end sum101011;
architecture sum101011 of sum101011 is
begin
  process(clk)
  begin
    if(clk'event and clk ='1')then
    s ⇐ (a(9)&a) + (b(9)&b);
    end if;
  end process;
end sum101011;
```

仿真结果如图 7.17 所示。

(2)18 位和 19 位有符号数相加产生 20 位有符号数的加法器设计

```
library IEEE;
use IEEE. STD_LOGIC_1164. ALL;
use IEEE. STD_LOGIC_ARITH. ALL;
entity sum7023918 is
 port(a:in signed(17 downto 0);
    b:in signed(18 downto 0);
```

```
      clk:in std_logic;
      s:out signes(19 downto 0));
end sum7023918;
architecture sum7023918 of sum7023918 is
begin
  process(clk)
  begin
    if(clk'event and clk ='1')then
    s ← (a(17)&a(17)&a) + (b(18)&b);
    end if;
  end process;
end sum7023918;
```

仿真结果如图 7.18 所示。

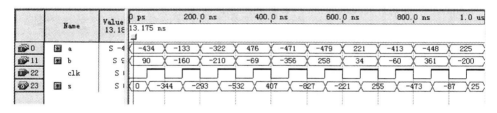

图 7.17　两 10 位相加产生 11 位加法器仿真结果

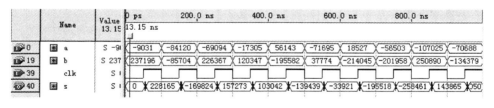

图 7.18　18 位 19 位相加产生 20 位数仿真结果

7.4.3　减法器模块

实现零值减去两个有符号数的减法运算。即用零值减去输入的两数,在时钟脉冲到来时做减法运算,输出结果。

-31 和 -88 的乘结果都只包含了乘系数 31 和 88 的数值,并没有将两个负号代入,所以两乘法器后面的加法器运算改为减法器模块,采用 0-31 累加结果-88 累加结果的方法,实现(-31)累加结果 + (-88)累加结果的计算。-106 和-54 后面的加法器采用同样的方式处理。

（1）-31 和 -88 的减法器设计

library IEEE;

use IEEE. STD_LOGIC_1164. ALL;

use IEEE. STD_LOGIC_ARITH. ALL;

entity sub318817 is

port(clk:in std_logic;

    din1:in signed(15 downto 0);

    din2:in signed(17 downto 0);

dout:out signed(18 downto 0));

end sub318817;

architecture sub318817 of sub318817 is

signal s1:signed(17 downto 0) : = (din1(15)&din1(15)&din1);

signal s2:signed(18 downto 0) : = (others ⇒'0');

begin

  process(din1 ,din2 ,clk)

  begin

    if clk'event and clk ='1' then

    dout ⇐ s2-din2-s1;

    end if;

  end process;

end sub318817;

仿真结果如图 7. 19 所示。

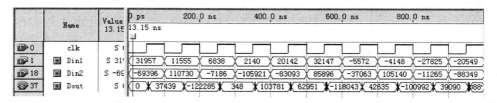

图 7.19　-31 和-88 减法器的仿真结果

（2）-106 和 -54 的减法器的设计

library IEEE;

use IEEE. STD_LOGIC_1164. ALL;

use IEEE. STD_LOGIC_ARITH. ALL;

```
entity sub1065417 is
port( clk : in std_logic;
      din1 : in signed( 17 downto 0 );
      din2 : in signed( 16 downto 0 );
      dout : out signed( 18 downto 0 ) );
end sub1065417;
architecture sub1065417 of sub1065417 is
signal s1 : signed( 17 downto 0 ) : = ( din2( 16 ) &din2 );
signal s2 : signed( 18 downto 0 ) : = ( others ⇒'0');
begin
  process( din1 , din2 , clk )
  begin
    if clk'event and clk ='1' then
dout ⇐ s2-din1-s1;
    end if;
  end process;
end sub1065417;
```

仿真结果如图 7.20 所示。

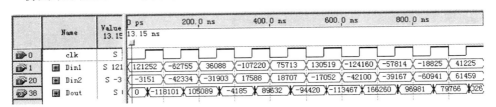

图 7.20　　-106 和-54 减法器的仿真结果

7.4.4　乘法器模块

从资源和速度考虑,常系数乘法运算可用移位相加来实现。将常系数分解成几个 2 的幂的和形式。滤波器系数分别为 -31、-88、-106、-54、70、239、401、499、499、401、239、70、-54、-106、-88、-31。算法:其中带负号数先乘去负号的整数部分,在后面的求和中做减法运算。编码方式如下:31 被编码为 $2^5 - 2^0$、88 被编码为 $2^6 + 2^4 + 2^3$、106 被编码为 $2^6 + 2^5 + 2^3 + 2^1$、54 被编码为 $2^6 - 2^3 - 2^1$、70 被编码为 $2^6 + 2^2 + 2^1$、239 被编码为 $2^8 - 2^4 - 2^0$。

实现输入带符号数据与固定数据两个二进制数的乘法运算。当到达时钟上升沿时,将两数输入,运算并输出结果。

(1)乘 31 电路设计

```
library IEEE;
use IEEE. STD_LOGIC_1164. ALL;
use IEEE. STD_LOGIC_ARITH. ALL;
entity mult31 is
port( clk:in std_logic;
    din:in signed(10 downto 0);
dout:out signed(15 downto 0));
end mult31;
architecture mult31 of mult31 is
signal s1:signed(15 downto 0);
signal s2:signed(10 downto 0);
signal s3:signed(15 downto 0);
begin
  a1:process(din,s1,s2,s3)
  begin
    s1  <= din&"00000";
    s2  <= din;
     if( din(10) ='0')then
     s3  <= ('0'&s1(14 downto 0))-("00000"&s2(10 downto 0));
     else
     s4  <= ('1'&s1(14 downto 0))-("11111"&s2(10 downto 0));
     end if;
end process;
a2:process(clk,s3)
begin
  if clk'event and clk ='1' then
dout  <= s3;
    end if;
  end process;
end mult31;
```

仿真结果如图 7.21 所示。

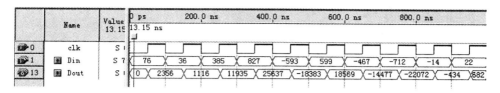

图 7.21　乘 31 仿真结果

(2)乘 88 电路设计

```
library IEEE;
use IEEE. STD_LOGIC_1164. ALL;
use IEEE. STD_LOGIC_ARITH. ALL;
entity mult88 is
port( clk:in std_logic;
    din:in signed( 10 downto 0);
dout:out signed( 17 downto 0) );
end mult88;
architecture mult88 of mult88 is
signal s1:signed( 16 downto 0);

signal s2:signed( 14 downto 0);
signal s3:signed( 13 downto 0);
signal s4:signed( 17 downto 0);
begin
  a1:process( din,s1,s2,s3)
  begin
    s1  ⇐ din&"000000";
    s2  ⇐ din&"0000";
    s3  ⇐ din&"000";
    if( din( 10) ='0')then
    s4  ⇐ ('0'&s1( 16 downto 0)) + ( "000"&s2( 14 downto 0)) + ( "0000"&s3( 13
downto 0));
    else
    s4  ⇐ ('1'&s1( 16 downto 0)) + ( "111"&s2( 14 downto 0)) + ( "1111"&s3( 13
downto 0));
    end if;
```

```
    end process;
  a2:process(clk,s4)
  begin
    if clk'event and clk ='1' then
dout ⇐ s4;
    end if;
  end process;
end mult88;
```

(3)乘 106 电路设计:

```
library IEEE;
use IEEE. STD_LOGIC_1164. ALL;
use IEEE. STD_LOGIC_ARITH. ALL;
entity mult106 is
port(clk:in std_logic;
    din:in signed(10 downto 0);
dout:out signed(17 downto 0));
end mult106;
architecture mult106 of mult106 is
signal s1:signed(16 downto 0);
signal s2:signed(15 downto 0);
signal s3:signed(13 downto 0);
signal s4:signed(11 downto 0);
signal s5:signed(17 downto 0);
begin
  a1:process(din,s1,s2,s3,s4)
  begin
    s1 ⇐ din&"000000";
    s2 ⇐ din&"00000";
    s3 ⇐ din&"000";
    s4 ⇐ din&'0';
    if(din(10) ='0')then
    s5 ⇐ ('0'&s1(16 downto 0)) + ("00"&s2(15 downto 0)) + ("0000"&s3(13
downto 0)) + ("000000"&s4(11 downto 0));
    else
```

s5 ⇐ ('1'&s1(16 downto 0)) + ("11"&s2(15 downto 0)) + ("1111"&s3(13 downto 0)) + ("111111"&s4(11 downto 0));

  end if;

  end process;

  a2:process(clk,s5)

  begin

   if clk'event and clk ='1' then

dout ⇐ s5;

  end if;

  end process;

end mult106;

(4)乘54电路设计

library IEEE;

use IEEE. STD_LOGIC_1164. ALL;

use IEEE. STD_LOGIC_ARITH. ALL;

entity mult54 is

port(clk:in std_logic;

  din:in signed(10 downto 0);

dout:out signed(16 downto 0));

end mult54;

architecture mult54 of mult54 is

signal s1:signed(16 downto 0);

signal s2:signed(13 downto 0);

signal s3:signed(11 downto 0);

signal s4:signed(16 downto 0);

begin

  a1:process(din,s1,s2,s3)

  begin

   s1 ⇐ din&"000000";

   s2 ⇐ din&"000";

   s3 ⇐ din& '0';

   if(din(10) ='0')then

   s4 ⇐ ('0' &s1(15 downto 0))-("00"&s2(13 downto 0))-("0000"&s3(11 downto 0));

```
    else
    s4 ⇐ ('1'&s1(15 downto 0))-("11"&s2(13 downto 0))-("1111"&s3(11
downto 0));
      end if;
    end process;
    a2:process(clk,s4)
    begin
      if clk'event and clk ='1' then
    dout ⇐ s4;
      end if;
      end process;
    end mult54;
```

(5)乘 70 电路设计

```
library IEEE;
use IEEE. STD_LOGIC_1164. ALL;
use IEEE. STD_LOGIC_ARITH. ALL;
entity mult70 is
port(clk:in std_logic;
    din:in signed(10 downto 0);
dout:out signed(17 downto 0));
end mult70;
architecture mult70 of mult70 is
signal s1:signed(16 downto 0);
signal s2:signed(12 downto 0);
signal s3:signed(11 downto 0);
signal s4:signed(17 downto 0);
begin
  a1:process(din,s1,s2,s3)
  begin
    s1 ⇐ din&"000000";
    s2 ⇐ din&"00";
    s3 ⇐ din& '0';
    if(din(10) ='0')then
    s4 ⇐ ('0'&s1(16 downto 0)) + ("00000"&s2(12 downto 0)) + ("000000"
```

&s3(11 downto 0));

　　　else

　　　s4 ⇐ ('1'&s1(16 downto 0)) + ("11111"&s2(12 downto 0)) + ("111111"

&s3(11 downto 0));

　　　end if;

　　end process;

　　a2:process(clk,s4)

　　begin

　　　if clk'event and clk ='1' then

dout ⇐ s4;

　　　end if;

　　end process;

end mult70;

(6)乘 239 电路设计

library IEEE;

use IEEE. STD_LOGIC_1164. ALL;

use IEEE. STD_LOGIC_ARITH. ALL;

entity mult239 is

port(clk:in std_logic;

　　din:in signed(10 downto 0);

dout:out signed(18 downto 0));

end mult239;

architecture mult239 of mult239 is

signal s1:signed(18 downto 0);

signal s2:signed(14 downto 0);

signal s3:signed(10 downto 0);

signal s4:signed(18 downto 0);

begin

　　a1:process(din,s1,s2,s3)

　　begin

　　s1 ⇐ din&"00000000";

　　s2 ⇐ din&"0000";

　　s3 ⇐ din;

　　　if(din(10) ='0')then

$s4 \Leftarrow ('0' \& s1(17 \text{ downto } 0)) - ("0000" \& s2(14 \text{ downto } 0)) - ("00000000" \& s3$
$(10 \text{ downto } 0));$

　　　else

$s4 \Leftarrow ('1' \& s1(17 \text{ downto } 0)) - ("1111" \& s2(14 \text{ downto } 0)) - ("11111111" \& s3$
$(10 \text{ downto } 0));$

　　　end if;

　end process;

　a2:process(clk,s4)

　begin

　　if clk'event and clk ='1' then

dout $\Leftarrow$ s4;

　　end if;

　end process;

end mult239;

7.4.5　功能仿真

任意设定输入信号为:

din = [99,0,0,0,70,0,0,0,99,0,0,0,70,0,0,0,99,0,0,0,70,0,0,0,99,0,0,
0,70,0,0,0]

输出波形如图 7.22 所示,由仿真波形可以读出结果,经比较,仿真结果与输出信号理论值基本吻合,且波形基本没有毛刺。

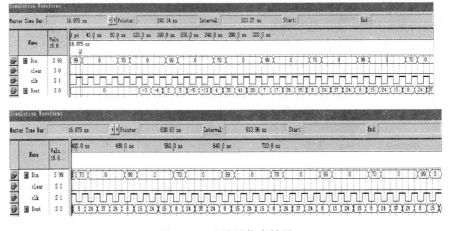

图 7.22　滤波器仿真结果

7.5　基于 FPGA 的四路抢答器设计

抢答器控制系统是学校、政府机关、金融单位、广播电视系统或党委、工会、团委、企事业单位等部门举办竞赛问答、各种知识测试、娱乐活动中经常使用的重要基础设备之一,它是一个能准确、公正、直观地判断出抢答者的机器。通过一些方式如数码管显示抢答成功者的信息,或者通过声音来判别成功抢答的选手。

本系统设计一个智力竞赛抢答器,要求具有四路抢答输入,能够识别最先抢答的信号,显示该台号;对回答问题所用的时间进行计时、显示、超时报警同时具有复位功能和倒计时启动功能。在设计过程中先将系统模块化,然后逐步实现,系统设计原理图如图 7.23。

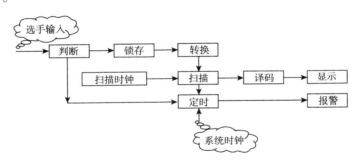

图 7.23　抢答器系统原理图

根据对抢答器的功能要求,把要设计的系统划分为六个功能模块:抢答信号判别模块、锁存模块、转换模块、扫描模块、定时与报警模块、译码与显示模块。

判断模块:该模块用以判断各选手抢答的先后,记录最先抢答的选手号码并不再接收其他输入信号。

锁存模块:该模块用以锁存最先抢答的选手号码,以便输出显示。

转换模块:该模块用来将抢答选手的信息转换为二进制数,以便译码显示。

扫描模块:该模块主要用来扫描显示数据,扫描频率可以调整,便于动态显示。该模块主要完成两个任务:扫描信号的建立和数码管的选择[13]。

定时与报警模块:该模块用来对选手进行答题限时,答题时间到后输出报警信号。

译码与显示模块:对数据进行译码送出数码管显示。该模块主要任务是完成二进制数到段码的转换。二进制数主要记录最先抢答的选手号码和时间信号,显示结果由 3 个数码管经过扫描信号依次点亮。

根据上述分析设计了各功能模块间的结构关系,如图 7.23 所示。各个模块用 VHDL 语言来实现,顶层文件采用原理图输入,如图 7.24 所示。

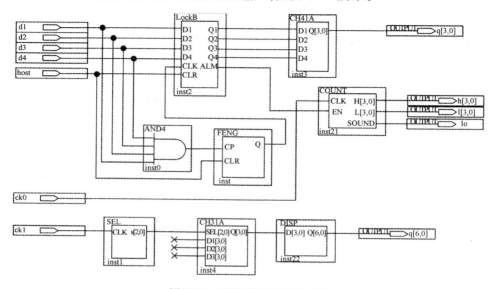

图 7.24   抢答器的顶层原理图

FENG 模块是抢答判断模块,在各个选手 1、2、3、4 抢答操作后,将四路信号相与,并送出高电平 Q 给锁存器,锁存当时的按键状态,由于抢答信号是低电平有效,故相与后的结果可以识别最先抢答选手,由于没有时钟同步,所以锁存的延时时间只是硬件延时时间,从而实现锁存错误的概率接近零。

LOCKB 模块是锁存器模块,在任一选手按下按键后锁存,锁存的同时送出 AIM 信号。clr 信号为 0 时,d1、d2、d3、d4 的输出都为 0;当 c1r 信号为 1 时,将 dl 赋给 q1,d2 赋给 q2,d3 赋给 q3,d4 赋给 q4,同时将 alm 输出为高电平。

COUNT 模块是定时模块,实现答题倒计时,在计满 100S 后送出报警提示。设计中 100S 时间用 00 到 99 表示,显示分为高位 h,底位 l,另外还有限时报警 sound。设计时先将低位从 9 开始逐一自减,当到 0 时高位自减 1,也就是低位每减少 1O,高位就减少 1。当高位从 9 减少到 0 时,报警就输出高电平。

CH31A 模块为扫描模块,轮流送出需要显示的数据。当 sel 为 000 时,将 d1 赋值给 q1,同时将 01111111 赋值给 WX 选通数码管;当 sel 为 001 时,将 d2 赋值给 q2,同时将 10111111 赋值给 WX 选通数码管;当 sel 为 011 时,将 d3 赋值给 q3,同时将 11011111 赋值给 WX 选通数码管。

CH41A 模块是抢答结果转换模块,将抢答结果转换为二进制数。抢答结果低电平有效,当抢答结果 dld2d3d4 为 0111 时,输出 q 为 0001;当抢答结果 dld2d3d4 为

1011 时,输出 q 为 0010;当抢答结果 d1d2d3d4 为 1101 时,输出 q 为 0011;当抢答结果 d1d2d3d4 为 1110 时,输出 q 为 0100。

　　SEL 模块为片选模块,产生片选信号。此模块相当于一个计数器,在时钟加 1。

　　DISP 模块为译码模块,用于将数据转换成段码,以便数码管能正确显示。

　　(1)3 选 1 模块 CH31A 的 VHDL 源程序

```
library IEEE;
use IEEE. STD_LOGIC_1164. ALL;
entity ch31a is
port( sel:in std_logic_vector( 2 downto 0 );
    d1 , d2 , d3 :in std_logic_vector( 3 downto 0 );
    q:out std_logic_vector( 3 downto 0 ) );
end ch31a;
architecture ch31_arc of ch31a is
begin
process( sel , d1 , d2 , d3 )
begin
case sel is
    when "000" ⇒ q ⇐ d1;
    when "001" ⇒ q ⇐ d2;
    when "111" ⇒ q ⇐ d3;
    when others ⇒ q ⇐ "1111";
end case;
end process;
end ch31_arc;
```

3 选 1 模块仿真图如图 7.25 所示。

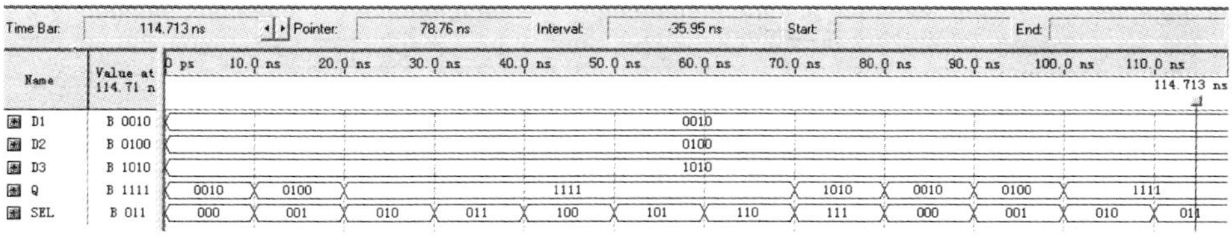

Time Bar:	114.713 ns	◄ ► Pointer:	78.76 ns	Interval:	-35.95 ns	Start:		End:	
Name	Value at 114.71 n	0 ps　10.0 ns　20.0 ns　30.0 ns　40.0 ns　50.0 ns　60.0 ns　70.0 ns　80.0 ns　90.0 ns　100.0 ns　110.0 ns							114.713 ns
D1	B 0010	0010								
D2	B 0100	0100								
D3	B 1010	1010								
Q	B 1111	0010　0100　　　1111　　　1010　0010　0100　　1111								
SEL	B 011	000　001　010　011　100　101　110　111　000　001　010　011								

图 7.25　CH31A 模块仿真波形

　　(2)转换模块 CH41A 的 VHDL 源程序

```
libeary IEEE;
```

```
use IEEE. STD_LOGIC_1164. ALL;
entity ch41a is
port( d1 ,d2 ,d3 ,d4 :in std_logic;
   q :out std_logic_vector( 3 downto 0 ) );
end ch41a;
architecture ch41_arc of ch41a is     ——转换模块 ch41a
begin
process( d1 ,d2 ,d3 ,d4 )
variable tmp :std_logic_vector( 3 downto 0 );
begin
   tmp : = d1 &d2 &d3 &d4;
case tmp is
   when "0111" ⇒ q ⇐ "0001";
   when "1011" ⇒ q ⇐ "0010";
   when "1101" ⇒ q ⇐ "0011";
   when "1110" ⇒ q ⇐ "0100";
   when others ⇒ q ⇐ "1111";
end case;
end process;
end ch41_arc;
```

转换模块用二进制显示抢答的结果,抢答结果是低电平有效。由仿真图可见,当 d1 抢答成功时,显示 0001,d2 抢答成功时,显示 0010,d3 抢答成功时显示 0011,d4 抢答成功时显示 0100,无人抢答时显示 1111。仿真图如图 7.26 所示。

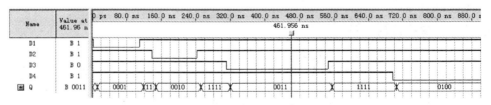

图 7.26　CH41A 模块仿真波形

(3)片选信号产生模块 SEL 的 VHDL 源程序
```
library IEEE;
use IEEE. STD_LOGIC_1164. ALL;
entity sel is port( clk :in std_logic;
```

```
        a:out integer range 0 to 7);
    end sel;
    architecture sel_arc of sel is    ——片选信号产生模块 sel
    begin
        process(clk)
        variable aa:integer range 0 to 7;
        begin
          if clk'event and clk ='1'then
            aa: = aa + 1;
          end if;
          a  ⇐ aa;
        end process;
    end sel_arc;
```

片选信号产生模块相当于一个计数器,在每个时钟上升沿到来时,输出就自加 1。仿真图如图 7.27 所示。

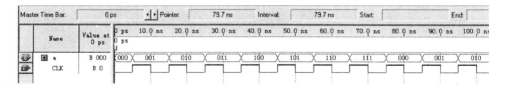

图 7.27　SEL 模块仿真波形

(4)COUNT 模块实现答题时间的倒计时,在计满 100 s 后送出声音提示

```
library IEEE;
use IEEE. STD_LOGIC_1164. ALL;
use IEEE. STD_LOGIC_UNSIGNED. ALL;
entity count is
port( clk,en:in std_logic;           ——倒计时模块 count
    h,l:out std_logic_vector(3 downto 0);
    sound:out std_logic);
end count;
architecture count_arc of count is
begin
process(clk,en)
variable hh,ll:std_logic_vector(3 downto 0);
```

```
begin
if clk'event and clk = '1' then
if en = '1' then
if ll = 0 and hh = 0 then
 sound ⇐ '1';
 elsif ll = 0 then
     ll：= "1001";
     hh：= hh-1;
          else    ll：= ll-1;
          end if;
else
sound ⇐ '0'; hh：= "1001";      ll：= "1001";
end if;
end if;
h ⇐ hh;
l ⇐ ll;
end process;
end count_arc;
```

此模块实现倒计时功能,初始时为 0000,当上升沿到来时低位从 1001 开始自减 1,减到 0000 时高位开始从 1001 自减 1,直到最后低位、高位都为 0。仿真图如图 7.28 所示。

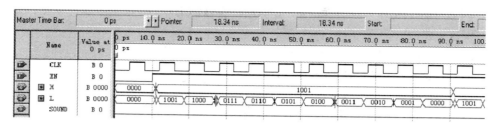

图 7.28　COUNT 模块仿真波形

（5）锁存器模块 LOCKB 的 VHDL 源程序

```
library IEEE;
use IEEE. STD_LOGIC_1164. ALL;
entity lockb is
port ( d1 ,d2 ,d3 ,d4 :in std_logic;
```

```
    clk ,clr:in std_logic;
  q1 ,q2 ,q3 ,q4 ,alm:out std_logic);
end lockb;
architecture lock_arc of lockb is
begin
  process( clk )
    begin
      if clr ='0' then
        q1 ⇐'0';
        q2 ⇐'0';
        q3 ⇐'0';
        q4 ⇐'0';
        alm ⇐'0';
      elsif clk'event and clk ='1' then
        q1 ⇐d1;
        q2 ⇐d2;
        q3 ⇐d3;
        q4 ⇐d4;
        alm ⇐'1';
        end if;
    end process;
  end lock_arc;
```

此为锁存模块,主持人按下复位键时,清零。当 clk 上升沿到来时,将 d1 赋值给 q1 ,d2 赋值给 q2 ,d3 赋值给 q3 ,d4 赋值给 q4。仿真图如图 7.29 所示。

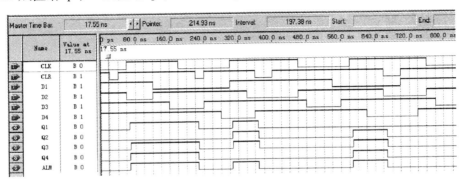

图 7.29　LOCKB 模块仿真波形

（6）抢答鉴别模块 FENG 的 VHDL 源程序

```
library IEEE;
use IEEE. STD_LOGIC_1164. ALL;
entity feng is
port( cp,clr:in std_logic;
    q:out std_logic);
end feng;
architecture feng_arc of feng is
begin
process( cp,clr)
begin
if clr ='0' then
    q <='0';
elsif cp'event and cp ='0' then
    q <='1';
  end if;
end process;
end feng_arc;
```

当主持人按下复位键,清零,当有人抢答,即 cp 为下降沿时,输出高电平。仿真
图如图 7.30 所示。

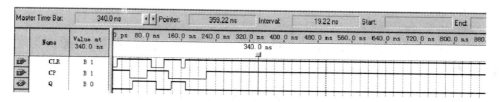

图 7.30　FENG 模块仿真波形

（7）显示译码模块 DISP 的 VHDL 源程序

```
library IEEE;
use IEEE. STD_LOGIC_1164. ALL;
entity disp is
port( d:in std_logic_vector(3 downto 0);
    q:out std_logic_vector(6 downto 0));
end disp;
```

```
architecture disp_arc of disp is
begin
process(d)
begin
case d is
  when"0000" ⇒ q ← "0111111";
  when"0001" ⇒ q ← "0000110";
  when"0010" ⇒ q ← "1011011";
  when"0011" ⇒ q ← "1001111";
  when"0100" ⇒ q ← "1100110";
  when"0101" ⇒ q ← "1101101";
  when"0110" ⇒ q ← "1111101";
  when"0111" ⇒ q ← "0100111";
  when"1000" ⇒ q ← "1111111";
  when"1001" ⇒ q ← "1101111";
  when others ⇒ q ← "0000000";
end case;
end process;
end disp_arc;
```

此为译码模块,将二进制转化成代码段,d 为 0000 时,输出 0111111;d 为 0001 时,输出 0000110;d 为 0010 时,输出 1011011;d 为 0011 时,输出 1001111;d 为 0100 时,输出 1100110;d 为 0101 时,输出 1101101;d 为 0110 时,输出 1111101;d 为 0111 时,输出 0100111;d 为 1000 时,输出 1111111;d 为 1001 时,输出 1101111;其他时候 为 0000000。仿真图如图 7.31 所示。

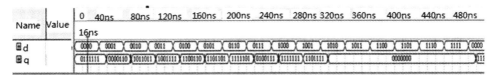

图 7.31　DISP 模块仿真波形

将各个模块按图 7.24 连接后,主持人按下复位键,当有人抢答时,锁存其组号, 并开始倒计时。扫描模块将这些信息转换成段码段后扫描输出。整个电路的仿真图 如图 7.32 所示,通过仿真的时序可以看出设计基本符合要求。

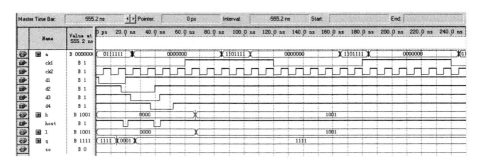

图 7.32　顶层电路仿真波形

7.6　基于 FPGA 的音乐播放器设计

FPGA 在声音处理中有着广泛应用,该例程将对音频信号进行处理。根据声乐知识,产生音乐的两个因素是音乐频率的持续时间,音乐的 12 平均率规定,每两个八音度之间的频率相差一倍,在两个八音度之间,又可分为 12 个半音。每两个半音的频率比为 4。另外,音名 A(乐谱中的低音 6)的频率为 440 Hz,音名 B 到 C 之间,E 到 F 之间为半音,其余为全音。由此可以计算出乐谱中从低音 1 到高音 1 之间每个音名的频率如表 7.2 所示。

表 7.2　简谱中的音名与频率的关系

音名	频率(Hz)	音名	频率(Hz)	音名	频率(Hz)
低音 1	261	中音 1	523	高音 1	1046
低音 2	293	中音 2	578	高音 2	1175
低音 3	329	中音 3	659	高音 3	1318
低音 4	349	中音 4	698	高音 4	1397
低音 5	391	中音 5	784	高音 5	1568
低音 6	440	中音 6	880	高音 6	1760
低音 7	439	中音 7	988	高音 7	1976

7.6.1　基准频率的选取

各音名所对应的频率可由一频率较高的基准频率进行整数分频得到,所以实际产生各音名频率为近似的整数值。这是由于音阶频率多为非整数,而分频系数又不能为小数,故必须将得到的分频系数四舍五入取整,若基准频率过低,则由于分频系数过小,四舍五入取整后的误差较大,若基准频率过高,虽然误码差较小,但分频结构将变大,实际的设计应综合考虑两方面的因素,在尽量减小频率差的前提下取舍合适的基准频率。本次设计选择 12 MHz 作为基准频率。

（1）分频系数的选取

首先将 12 MHz 的基准频率进行 12 分频,得到 1 MHz 的基准频率,分频系数 A = 1 MHz/音名频率,此分频系数可由计数器实现。但若不加处理语句,其分频后的信号将不是对称方波。而占空比很小的方波很难使扬声器有效地发出声响。

为得到对称方波,可将分频系数 A 分解为:分频系数 A = 分频系数 $n \times 2$。即先进行分频系数 n 的分频,得到不对称方波,然后再 2 分频得到对称方波。

（2）公用二进制的计数容量 N 的选取

n 分频可由 n 进制计数器实现。n 进制计数器可用复位法或置位法实现,由于加载初始值 d 的置位法可有效地减少设计所占用的可编程逻辑器件资源,因此,此次设计采用置位法。

低音 1 的分频数 n 为最大,其值为 1275,应取公用二进制计数器的计数容量 N 大与"最大分频系数 n",故本次设计的公用二进制计数器应该设计为十一位二进制加法计数器,其计数最大容量为 2048,计数的最大值 N 为 2047,可满足设计中所有音名对音频系数的要求。

（3）初始值 D 的选取

初始值 D = 计数最大值 N – 分频系数 n

此次设计中应用的各音名对应的分频系数值及初始值部分如表 7.3 所示。

表 7.3　各音名对应的分频系数值及初始值

音符	初始值	对应音谱	区别高中音
0	2047	0	0
1	1091	1	0
2	1196	2	0
3	1289	3	0
4	1331	4	0
5	1409	5	0
6	1479	6	0
7	1541	7	0
8	1569	1	1
9	1621	2	1
10	1668	3	1
12	1728	5	1

7.6.2　节拍发生器原理

该演奏电路的最小节拍为 1 拍,将一拍的时长定为 0.25 s,则需要将 12 MHz 进行分频,从而得到一个 4 Hz 的时钟频率即可产生一拍的时长。为了能达到演奏时能循环进行,则需设置一个时长计数器,当乐曲演奏完时,保证能自动从头开始演奏。

本次设计乐曲演奏电路结构方框图如图 7.33 所示。

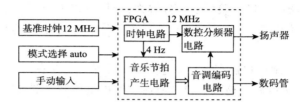

图 7.33　乐曲演奏电路结构方框图

(1)音调发生器模块

在此模块中设置了一个 8 位二进制计数器(计数最大值为 89),这个计数器的计数频率为 4 Hz,即每一计数值的停留时间为 0.25 s,恰好为当全音符设为 1 s 时,四四拍的 4 分音符的持续时间。例如,ydfsq 在以下的 VHDL 逻辑描述中,"世上只有妈妈好"的第一个音符为"6",此音在逻辑中停留了 4 个时钟节拍,即为 1 s 时间,相应地所对应"6"音符分频预置数为 1479 在 skfpq 的输入端停留了 1 s。随着计数器按 4 Hz 的时钟频率做加法计数时,乐谱逐次被选取,"世上只有妈妈好"乐曲就开始自然连续而且循环地演奏起来。

①音调发生器模块 VHDL 程序

```
library IEEE;
use IEEE. STD_LOGIC_1164. ALL;
entity ydfsq is
port ( clk:in std_logic;
    toneindex:out integer range 0 to 15);
end;
architecture bhv of ydfsq is
signal counter:integer range 0 to 89;
begin
process( counter)
begin
    if counter = 90 then
```

```vhdl
            counter ⇐ 0;
        elsif clk'event and clk ='1' then
            counter ⇐ counter + 1;
        end if;
end process;
search:process( counter)
begin
case counter is
    when 0 to 2  ⇒ toneindex ⇐ 6;
    when 3 to 4  ⇒ toneindex ⇐ 5;
    when 5 to 8  ⇒ toneindex ⇐ 3;
    when 9 to 12  ⇒ toneindex ⇐ 5;
    when 13 to 16  ⇒ toneindex ⇐ 8;
    when 17 to 18  ⇒ toneindex ⇐ 6;
    when 19 to 20  ⇒ toneindex ⇐ 5;
    when 21 to 25  ⇒ toneindex ⇐ 6;
    when 26 to 29  ⇒ toneindex ⇐ 3;
    when 30 to 32  ⇒ toneindex ⇐ 5;
    when 33 to 35  ⇒ toneindex ⇐ 6;
    when 36 to 39  ⇒ toneindex ⇐ 5;
    when 40 to 41  ⇒ toneindex ⇐ 3;
    when 42 to 43  ⇒ toneindex ⇐ 2;
    when 44 to 45  ⇒ toneindex ⇐ 1;
    when 46 to 47  ⇒ toneindex ⇐ 6;
    when 48 to 49  ⇒ toneindex ⇐ 5;
    when 50 to 51  ⇒ toneindex ⇐ 3;
    when 52 to 55  ⇒ toneindex ⇐ 2;
    when 56 to 58  ⇒ toneindex ⇐ 2;
    when 59 to 62  ⇒ toneindex ⇐ 3;
    when 63 to 64  ⇒ toneindex ⇐ 5;
    when 65 to 66  ⇒ toneindex ⇐ 5;
    when 67 to 69  ⇒ toneindex ⇐ 6;
    when 70 to 71  ⇒ toneindex ⇐ 3;
    when 72 to 73  ⇒ toneindex ⇐ 2;
```

```
        when 74 to 77 ⇒ toneindex ⇐1;
        when 78 to 80 ⇒ toneindex ⇐5;
        when 81 to 82 ⇒ toneindex ⇐3;
        when 83 to 84 ⇒ toneindex ⇐2;
        when 85 to 86 ⇒ toneindex ⇐1;
        when 87 to 89 ⇒ toneindex ⇐0;
        when others ⇒ null;
    end case;
    end process;
    end;
```

②音调编码器模块的 VHDL 程序如下

```
library IEEE;
use IEEE. STD_LOGIC_1164. ALL;
entity ydbmq is
port( index:in integer range 0 to 15;
code:out integer range 0 to 15;
code1:out integer range 0 to 15;
tone:out integer range 0 to 2047);
end;
architecture bhv of ydbmq is
begin
process(index)
begin
case index is
when0 ⇒ tone ⇐2047; code ⇐0; code1 ⇐0; when 1 ⇒ tone ⇐1091; code ⇐1;
code1 ⇐0;
    when2 ⇒ tone ⇐1196; code ⇐2; code1 ⇐0; when 3 ⇒ tone ⇐1289; code ⇐3;
code1 ⇐0;
    when 4 ⇒ tone ⇐1331; code ⇐4; code1 ⇐0; when 5 ⇒ tone ⇐1409; code ⇐5;
code1 ⇐0;
    when 6 ⇒ tone ⇐1479; code ⇐6; code1 ⇐0; when 7 ⇒ tone ⇐1541; code ⇐7;
code1 ⇐0;
    when 8 ⇒ tone ⇐1569; code ⇐1; code1 ⇐1; when 9 ⇒ tone ⇐1621; code ⇐2;
code1 ⇐1;
```

```
when 10 ⇒ tone ⇐ 1668; code ⇐ 3; code1 ⇐ 1;
when 12 ⇒ tone ⇐ 1728; code ⇐ 5; code1 ⇐ 1;
when others ⇒ null;
end case;
end process;
end;
```

（2）手动/自动选择模块

根据设计的要求,该简易乐曲演奏器能实现手动或自动演奏乐曲的功能。于是,可通过一个按键 cs 来进行自动与手动的选择,当 cs 按下时,乐曲自动演奏,其他情况下均为手动演奏乐曲,即可以通过按下其他的按键(与 cs 相连的按键除外)来控制不同的音符。与此同时,还需要一个复位信号 rst 来控制该演奏器是否工作,当 rst 为 1 时,停止演奏,为 0 时,可以演奏。以上提到的手动与自动的选择只能在 rst 为 0 时有效。

①手动/自动选择模块的 VHDL 源程序

```
library IEEE;
use IEEE. STD_LOGIC_1164. ALL;
entity zdsd is
port( d1 ,d2 : in integer range 0 to 15;
cs , rst : in std_logic;
q : out integer range 0 to 15);
end;
architecture bhv of zdsd is
begin
process( cs , rst)
begin
    if rst = '1' then
      q ⇐ 0;
    else
    case cs is
        when '0' ⇒ q ⇐ d1;
        when '1' ⇒ q ⇐ d2;
        when others ⇒ q ⇐ d1;
end case;
end if;
end process;
```

②数控分频器模块的 VHDL 源程序

```vhdl
library IEEE;
use IEEE. STD_LOGIC_1164. ALL;
entity skfpq is
port( clk:in std_logic;
tone:in integer range 0 to 2047;
spks:out std_logic);
end;
architecture bhv of skfpq is
signal preclk:std_logic;
signal fullspks:std_logic;
begin
process(clk)
variable count:integer range 0 to 16;
begin
preclk <='0';
if count = 12 then
preclk <='1'; count: =0;
elsif clk'event and clk ='0' then
  count: =count +1;
end if;
end process;
process(preclk,tone)
variable count1:integer range 0 to 2047;
begin
if preclk'event and preclk ='1' then
  if count1 =2047 then
count1: =tone; fullspks <='1';
  else
count1: =count1 +1; fullspks <='0';
  end if;
end if;
end process;
process(fullspks)
```

```
variable count2 : std_logic;
begin
if fullspks'event and fullspks = '1' then
count2 : = not count2;
  if count2 = '1' then
spks <= '1';
  else
spks <= '0';
  end if;
end if;
end process;
end;
```

③分频器模块数控分频器模块的 VHDL 源程序

```
library IEEE;
use IEEE. STD_LOGIC_1164. ALL;
entity fenpin is
port( clk : in std_logic;
clkout : buffer std_logic );
end;
architecture bhv of fenpin is
begin
process( clk )
variable count4 : integer range 0 to 1500000;
begin
if clk'event and clk = '1' then
count4 : = count4 + 1;
if count4 = 1500000 then
clkout <= not clkout; count4 : = 0;
end if;
end if;
end process;
end;
```

④顶层模块 VHDL 源程序

```vhdl
library IEEE;
use IEEE. STD_LOGIC_1164. ALL;
entity yybf is
port( clk1 : in std_logic;
cs : in std_logic;
rst : in std_logic;
d2 : in integer range 0 to 15;
oup1 : out std_logic;
oup2 : out integer range 0 to 15;
oup3 : out integer range 0 to 15 );
end;
architecture bhv of yybf is
signal s1 : integer range 0 to 15;
signal s2 : integer range 0 to 15;
signal s3 : integer range 0 to 2047;
signal s4 : std_logic;
component ydfsq is
port( clk : in std_logic;
toneindex : out integer range 0 to 15 );
end component;
component ydbmq is
port( index : in integer range 0 to 15;
code : out integer range 0 to 15;
code1 : out integer range 0 to 15;
tone : out integer range 0 to 2047 );
end component;
component zdsd is
port( d1 ,d2 : in integer range 0 to 15;
cs , rst : in std_logic;
q : out integer range 0 to 15 );
end component;
component skfpq is
port( clk : in std_logic;
```

tone：in integer range 0 to 2047；

spks：out std_logic）；

end component；

component fenpin is

port（clk：in std_logic；

clkout：out std_logic）；

end component；

begin

u1：ydfsq port map（s4，s1）；

u2：ydbmq port map（s2，oup2，oup3，s3）；

u3：zdsd port map（s1，d2，cs，rst，s2）；

u4：skfpq port map（clk1，s3，oup1）；

u5：fenpin port map（clk1，s4）；

end bhv；

7.6.3 仿真与功能实现

整个系统仿真图如图 7.34 所示。通过仿真波形图可以看到，输入端 rst 为复位端，当其值为 1 时，输出端均为 0，cs 为手动、自动选择端，cs 为 1 时手动演奏即输出端与 d2 的值相同，cs 为 0 时自动演奏即输出端与 d1 的值相同，也就是演奏已存入的固定乐曲；与此同时进行手动演奏和自动演奏时，数码管上即 oup1 和 oup2 的输出同时能显示出音符的数和高低音的种类。

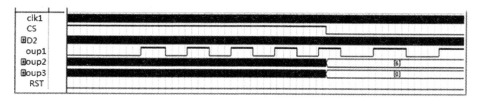

图 7.34 顶层模块仿真图

7.7 本章小结

现代数字系统设计内容非常广泛，系统功能日趋完善和智能化。基于网上设计的 EDA 技术，具有标准化的设计方法和设计语言，已经成为信息产业界的共同平台，成为数字系统设计的必然选择。

　　优秀 EDA 软件平台集成了多种设计入口(如图形、HDL、波形、状态机),而且还提供了不同设计平台之间的信息交流接口和一定数量的功能模块库供设计人员直接选用。设计者可以根据功能模块具体情况灵活选用。下面是几种常用的较为成熟的设计方法:原理图设计、HDL 程序设计、状态机设计、波形输入设计、基于 IP 的设计、基于平台的设计。

　　现代数字系统的设计流程是指利用 EDA 开发软件和编程工具对可编程逻辑器件进行开发的过程。在 EDA 软件平台上,利用硬件描述语言 HDL 等系统逻辑描述手段完成的设计。然后结合多层次的仿真技术,在确保设计的可行性与正确性的前提下,完成功能确认。然后利用 EDA 工具的逻辑综合功能,把功能描述转换成某一具体目标芯片的网表文件,输出给该器件厂商的布局布线适配器,进行逻辑编译、逻辑化简及优化、逻辑映射及布局布线,再利用产生的仿真文件进行包括功能和时序的验证,以确保实际系统的性能,直至对于特定目标芯片的编程下载等工作。尽管目标系统是硬件,但整个设计和修改过程如同完成软件设计一样方便和高效。整个过程包括设计准备、设计输入、设计处理和器件编程四个步骤以及相应的功能仿真、时序仿真和器件测试三个设计验证过程。

参考文献

［1］陈忠平,高金定. EDA 技术与应用.北京:中国电力出版社,2013.

［2］赵艳华. EDA 技术实践教程.北京:中国电力出版社,2014.

［3］周金富. VHDL 与 EDA 技术入门速成.北京:人民邮电出版社,2009.

［4］李云松,宋锐,雷杰. Xilinx FPGA 设计基础.西安:西安电子科技大学出版社,2008.

［5］孙延鹏,张芝贤,尹常勇. VHDL 与可编程逻辑器件应用.北京:北京航空工业出版社,2006.

［6］Short K L. VHDL 大学实用教程.乔庐峰,等,译.北京:电子工业大学出版社,2011.

［7］詹仙宁,田耕. VHDL 开发精解与实例剖析.北京:电子工业出版社,2009.

［8］侯柏亨,刘凯,顾新. VHDL 硬件描述语言与数字逻辑电路设计.西安:西安电子科技大学出版社,2009.

［9］孟庆海,张洲. VHDL 基础及经典实例开发.西安:西安交通大学出版社,2008.

［10］姜雪松,吴钰淳,王鹰. VHDL 设计实例与仿真.北京:机械工业出版社,2007.

［11］Maxfield C"M". FPGA 权威指南.杜生海,译.北京:人民邮电出版社,2012.

［12］张晓飞,秦刚刚,杨阳. FPGA 技术入门与经典项目开发实例.北京:化学工业出版社,2012.

［13］杨晓慧,杨旭. FPGA 系统设计与实例.北京:人民邮电出版社,2012.